罠師　片桐邦雄

狩猟の極意と自然の終焉

飯田辰彦 著

みやざき文庫 99

「たった一ミリの太さの違いが、
ワイヤーの作動の早さを大きく規定してしまうんです。
分かりやすく言うと、
細い四ミリのほうがだんぜん作動が早く、
その分確実に動物の足をとらえることができる。
四ミリの唯一の弱点は切れ易いということです。
たった一ミリの差ですが、
五ミリのほうがはるかに丈夫で、切れにくい」

「野生動物は通り易いところを選んで通る習性がありますから、
バレないようにウツに手を入れて、
ここにかならず足を突くというポイントを
人工的につくってしまうんです。
彼らは鼻はもちろん、目もよく利きますから、
その場に少しでも〝異変〟を残したら、
すぐに感づかれてしまう。だから、罠を据え終えたあと、
いかに寸分たがわず元の状況にもどせるかが、
いちばん大事なんです。これはもう、
だまし合い以外の何ものでもありません」

「自然はウソをつかない。
すべての生き物に対して
平等を貫いている。
だから、〝法則〟を
守らない相手に対しては、

痛い仕打ちでもって報いる。
自然は元来
懐が深いということを、
人間はどこまで
理解しているのか……」

目次

N
東京都
長野県
山梨県
神奈川県
岐阜県
静岡県
愛知県
駿河湾
東藤平
西藤平
天竜区
佐久間へ
船明ダム
領家へ
152
9
阿多古川
塩見渡橋
天竜川
青谷
秋野不矩美術館
阿蔵
二俣町
長石
竹染
鳥羽山公園
てんりゅうふたまた
ふたまたほんまち
磐田市
40
静岡県立森林公園
岩水寺
にしかじま
かみのべ
掛川へ
45
浜松浜北IC
がんすいじ
えんしゅうがんすいじ
とよおか
遠州鉄道
森掛川ICへ
みやぐち
296
344
浜松ICへ
新浜松へ
えんしゅうしばもと
磐田市街へ

引用:国土地理院 2万5千分の1
三河大野、天竜、浜松、磐田

ウツに何気なく置かれた２本の枯れ枝。ここに見えない“弁当箱”が仕掛けられている

一章　生け捕り目当ての究極の罠猟法

自在に変えられる罠のターゲット

平成二十四年十二月二十日。巷ではジングルベルがかしましくクリスマス商戦をあおる中、私はシーズン四度目の〝二俣詣で〟をしていた。

浜松市天竜区二俣には割烹の店「竹染」があり、そこの主である片桐邦雄を主人公に、私は一昨年、『ラストハンター』（鉱脈社刊）という拙著を上梓した。この本は〈片桐邦雄の狩猟人生とその「時代」〉という副題がつけられたように、狩猟、川漁、そして養蜂にも通じた異能のマルチハンター・片桐邦雄の六十年の人生と、戦後日本の軌跡を重ね合わせるという試みだった。

主人公の桁外れの魅力のおかげで、『ラストハンター』は昨年四月には二刷にかけられ、その後も地道に売れていると聞く。一方で、筆者宛にも直接、読者からたくさんの要望が寄せられた。それらに共通していたのは、「片桐さんという人物の生き様には深く感動したが、もっと罠猟の詳細を描いてほしかった」という感想、指摘だった。たぶん、読者各位には平成十八年の初版以来、増刷を重ねている拙著『罠猟師一代』のイメージが強いのかもしれない。ちなみに、『罠猟師一代』は日向（宮崎）の伝説的罠猟師、林豊の名人芸をルポしたものである。「罠猟に徹した片桐さんの本は書けないのか」という具体的な要請も、少なからずいただいた。

現代という時代と狩猟がどこで、どう接点をもつのかまだよく分からないが、読者からのこうした反応は、率直に筆者冥利につきるものだった。今、白状すると、『ラストハンター』を上梓したとき、これで終わらせたら片桐邦雄の真髄はけして伝わらない、という思いが私自身にもあった。「いずれは罠猟に絞った一冊を書かなくてはならないだろう」と、当初から感じてもいた。それほど片桐の罠猟の技術は段違いに優れたものであり、狩猟文化や環境問題に対する造詣も、じつに深い。そして何よりも、現場の経験を積み重ねた人間にしか見えない〝真実〟を語ることができた。

『ラストハンター』を書くときにも、私は徹底して二俣に通い詰め、しつこいぐらい罠猟に同行した。片桐にしてみれば、さぞかし迷惑千万な〝連れ〟であったろう。しかし、彼は嫌な顔ひとつ見せず、毎回私を彼の愛車ジムニーの助手席にのせて、一日をかけて三十カ所の罠場を巡るのだった。私には猟果の有無は問題ではなかった。もちろん、獲れるにこしたことはないが、仮に獲れなくても一日中片桐と一緒にいて、猟に関するもろもろの話から惑星の未来まで議論できることは、何とも刺激的で、気持が高揚するひとときになった。もちろん、里山の深部を経巡ることで、心身のリフレッシュができるという恩恵（？）にもあずかれる。

さて、読者諸兄の要請に後押しされて、私はあらためて片桐の罠猟、その中でもシシ猟に絞り込んで、新しいシーズンの取材を進めることにした。予備取材として、猟期に入る前の十月にまず一度インタビューだけし、シーズンに入ってからは十一月二十五日を手始めに、十二月四日、十二月十二日と猟場に同行し、今回（十二月二十日）が四度目の現場同行だった。前三度の猟ではすべての回で猟果があり、私はすでに「今シーズンは〝ツキ〟があるかも」と、半ば信じはじめていた。それかあらぬか、この日も早朝にジムニーの助手席におさまったときから、何かしら獲れる予感がしていた。

ところで、罠猟では仕掛けていい罠の数が法律で三十個と決められていて、四カ月（十一月一日〜翌年二月末日）の猟期の間だけ罠の設置が許される。むろん、全国の自治体が定める鳥獣保護区では一年を通して狩猟が禁止されている一方で、シーズン以外の時期に「有害駆除」という名目で〝もうひとつの狩猟〟が行われている。重大な問題を抱えているルールでもあり、これらについてはあとでじっくり考察を加えたい。

当然のことながら、猟果の多寡はこれら三十個の罠をいかに巧妙に獣道（片桐はこれを〝ウツ〟と呼ぶ）に仕掛け、そこを通る獣の足をいかに上手に捕らえられるかにかかっている。それには、長年の経験で培った勘というよりも、自然観察の力量の優劣が大きく関わっているように思われる。希代の観察者である片桐にとっては、ひとシーズンに百頭余りのシシ・シカを捕獲することは、もはや常識化している。ちなみに、昨シーズン（平成二十三〜二十四年）はシシ八十八頭にシカ十六頭、計百四頭を首尾よく捕らえている。むろん片桐は、単純に頭数を多くとることを目指しているわけではない。彼の頭の中には常に均衡ある生態系が意識されていて、頭数を競う下心など、もとより存在しない。

片桐が罠を仕掛ける範囲は、天竜川の西側、旧天竜市（現浜松市天竜区）から旧引佐町（現浜松市北区）にかけての丘陵地一帯で、いわゆる里山と呼ばれる人家背後の森が舞台だ。天竜美林として全国的に名高い造林地の南端に位置し、針葉樹の海の中に雑木林がパッチワークのように浮かぶ、野生動物にとってはギリギリの生育環境が残る棲息地である。三十個の罠は、この東西二十キロ、南北十キロほどに及ぶテリトリーのそこここに、文字どおり人知れず、さらにはシシにさえ悟られることなく、じつに巧みに設置されている。朝七時に二俣の竹染を出発し、すべての罠をチェックし終わって帰着すると、たいがい午後の二～三時になるというのが、平均的な罠回りの所要時間だ。ジムニーの走行距離も、一日で百キロに達する。

しかし、これはあくまで猟がなかったときの目安の時間で、ひとたび罠に一頭でも二頭でも獲物がかかると、帰着時間は一気にのびてしまう。なぜなら、片桐の罠猟はすべて生け捕りであるため、銃殺で済ます処置と比べると捕獲に手間どる分、帰着がおのずと遅れるのである。見回りのルートは、まず塩見渡（しわみど）橋で天竜川を西に渡り、渡ヶ島、青谷、長石（ながし）と回って堀谷（ほりや）に下るのだが、この日は長石の外れに仕掛けられた罠に、滅多にかかることのないタヌキがかかっていた。タヌキはキツネやカモシカと同様、強烈な臭いをその場に残すので、シシもしばらくはこの罠が据えられた場所の近辺には近づかない。いかにも

罠（弁当箱）にかかったタヌキ。猟師にとってはあり難くない獲物だ

臭いに敏感なシシらしいエピソードである。ちなみに、シシの嗅覚は犬の四十倍も鋭いというから、これはもう〝超能力〟というほかはない。

かわいそうだが、タヌキは片桐に生け捕られることなく、その場で処分（撲殺）され、山に返される。罠にかかったタヌキを目撃したのはこれが五、六回目のことだが、基本的にシシ狙いの片桐の罠には、ほかにどんな野生動物がかかるのだろう。数的にはもちろんシシが圧倒的に多くかかるが、シカがそれに次ぐ。前に昨シーズンの捕獲頭数をあげておいたが、年によって多少のばらつきはあるものの、全頭数のだいたい二割ていどをシカが占める。シカ、タヌキのほかにはキツネ、サル、まれにカモシカなどもかかる。

興味深いことに、この割合（数字）は人為的にいくらでも変えることができるという。どういうことかといえば、シシではなくシカ狙いに徹すれば、シシとシカの数字の逆転が可能ということだ。このあたりの事情は、当事者に肉声で語ってもらうに、しくはない。

「猟師がシシ肉ではなくてシカ肉を求めるのであれば、それ相応の罠のかけ方があるということです。シカは一般に明るく開けたかなき山（雑木林）を棲息地としています。だから、こうした山でシカの足跡や食み跡を探し、もっとも使っていそうなウツに仕掛ければ、容易に捕獲できます。頻繁に角研ぎに現れる場所も狙い目です。ただし、このあたりの里山は完膚なきまでに植林化されてしまって、かなき山と呼べる山はもうほとんど残っていませんが……」

罠名人・片桐のツボを押さえた解説である。シカはまた、シシのヌタ場（水場）にもよく泥浴びに出没するため、ここで丁寧にシカの体毛や糞の有無をチェックすることで、周辺にどのていどシカが棲息しているかが予測できるという。竹染の客のほとんどはシシ肉（の料理）目当てでくるために、片桐は率先してシシを獲っているだけで、もし客の注文がシカ肉に移れば、名人は楽々とターゲットをシカに変更し、シシ同様の猟果をあげるに違いない。

これまでの取材同行中に、キツネは四度ほど、サルは一度だけ罠にかかったのを見たことがあるが、まだカモシカにはまみえていない。間近かに見るキツネは金色の毛並がじつに美しく、毛皮が珍重されるわけをその場で納得した次第。サルは四歳ほど（片桐の見立て）のメスザルだった。これまでサルは凶暴というイメージしかなかったが、罠にかかって無抵抗なメスザルをまじまじと見ると、これがとても美しい顔立ちをしているではないか。四歳という若さ（娘盛り？）もあろうが、サルにも明らかに顔立ちの醜美があることを発見したのは、思いもかけないことだった。

体は小さくても、精一杯の抵抗を試みるキツネ。さすがに毛並みは美しい

一ミリの太さの違いがモノを言う

ここで片桐が使っている罠の説明をしておこう。片桐みずから〝弁当箱〟と呼ぶその罠は、構造的には「括り罠」に分類されるもの。以前はもうひとつ、「落とし罠」というプリミティブな猟法があったが、これには人間や猟犬が誤ってはまる（文字どおり〝落下〟する）ケースが多く、安全上からも今では使用が禁止されている。一方、括り罠は狙う野生動物の体の部位により、「胴括り」と「足括り」に区分される。胴括りの場合、かかった獲物は早いときには三十分ほどで鬱血死してしまうから、肉の商品価値を重要視する猟師であれば、まずこれ（胴括り）を選択することはない。もちろん、片桐の弁当箱も足括りに分類される括り罠である。

その具体的な構造を解説する前に、最終的に弁当箱へと至る片桐の狩猟遍歴を繙く必要があろう。前作『ラストハンター』にも書いたように、片桐は龍山中学（現浜松市）を卒業するが早いか、義兄（佐藤好夫）の元で板前修業をするため、富士宮（静岡県）に転居する。そして、狩猟免許がとれる二十歳が近づいたころ、知り合いのすすめで免許を取得し、地元の鉄砲のチームに加わり、グループ猟に参加するようになった。

「主に朝霧高原でキジ、ウズラなどの野鳥を撃っていました。免許をとったからといって、特に気持が高ぶるようなことはありませんでしたね。龍山の子ども時代にすでに、遊びでいろんな動物をとったり、さばいたりしていましたから……」

こうした回想からも分かるように、片桐にとっての狩猟は変に現実離れした特別なものではなく、また構えて取り組む類いのものでもなかった。強いて言えば、空気のように日常の一部を占める、ごく身近な生活習慣だった。二十三歳で龍山に近い二俣にもどり、その二年半後に独立（「竹染」開業）した片桐は、ふたたび狩猟にいそしみはじめる。富士宮のころと違って、自前の店をもってからは、とった獲物を客に供するという楽しみが加わった。遊びのハンティングとは異なり、真摯に野生動物の命と向き合い、それを最高の形（料理）に変えて客に振舞う、という片桐の狩猟哲学の原型がここにある。

当初は単独猟で、キジやヤマドリを狙った。相棒は猟犬のジャーマンポインターだった。やがて、近所に住む兄（啓助）とタッグを組み、やはりカモやヤマドリの野鳥を追った。二人猟を十年ほど続けたころ、地区の猟仲間に合流し、六〜七人でのグループ猟がはじまる。狙う獲物は野鳥からシカに変わった。猟場も旧春野町（現浜松市天竜区春野町）の最深部にある京丸山一帯へと移った。そのうちに、現地春野のグループと共同で猟をするようになり、メンバーは十五人にも膨れあがる。

「悪い〝予感〟はあったんです。これだけの大人数になると、たとえ獲物がとれたとしても、ひとり分の分け前はほんの少しになっちゃう。案の定、分配で不満が出るようになった。そうすると、猟自体が楽しくなくなる。でもボクは、分け前のことよりも、せっかくとれた獲物をどうしてもっと丁寧にさばいてあげないのかと、そればかりが気になっていました」

「彼らの動物の処理（解体）を見ていると、明らかに無駄が多いんです。ボクは子どものころから小動物、たとえばイタチやタヌキをつかまえては皮をはいでは、なめしたり、襟巻にしていた。〝ばらし〟の基礎は分かっていたから、彼らの処理が何とももどかしかった。第一、獲物がかわいそうじゃないですか」

この片桐の独白の中にも、彼の狩猟に対する基本的なスタンスがよく現れている。獲物はとったらとりっぱなしにすることなく、とことん利用し、味わいきることで、はじめて野生動物の尊い命に報いることができる、という態度だ。

自分の居場所がなくなったと感じた片桐は、ひとり静かにグループを抜け、単独猟にもどる決意をする。そのとき、狩猟の原点に立ち返る思いではじめたのが罠猟だった。三十一歳のときのことである。

「最初はやはり、〝胴括り〟からのスタートでした。まだ罠猟の専門的な知識がなく、胴括りなら子どものころの遊びの延長で仕掛けられると思ったからです。三年ぐらい続けたでしょうか。でも、胴括りだとすぐ鬱血死してしまい、肉がおいしくないんです」

このころはまだ、竹染で出す料理は川魚中心で、天竜川の恵みも枯渇してはいなかった。いずれは店で本格的なジビエを客に供したいという夢を、片桐は片時も忘れることはなかった。胴括りの反省の上に立ち、ここから片桐の罠改良の飽くなき挑戦がはじまる。そんなとき、横浜の知人がタイミングよく仕入れた、まったく新しい形状の罠を見せられる。現在の弁当箱へとつながる文字どおりのプロトタイプだった。それは、基本的に踏み板、ワイヤー、それにバネの組み合わせからなるもので、片桐はこれを見た瞬間、足括りの罠としてもっとも合理的、かつ機能的につくられていると直感したという。さっそく、知人から聞き出した長野のメーカーに注文し、罠を取り寄せた。

「はじめは失敗の連続でした。シシにいとも易々と罠の設置場所を見破られ、夜中のうちに鼻で罠ごと掘られてしまう日々が続きました。試行錯誤を続けるしかなく、時には行き詰まって、罠の近くに餌をおいたりもしました」

餌付けは法律では禁止されていないが、日ごろ片桐は「餌で野生動物をつるのは邪道で、卑怯（ひきょう）」と言ってはばからず、その本人が一時期にせよ禁を破ったというのだから、よほど追い込まれていたに違いない。餌付けをしたら、野生動物はもはや家畜と変わらず、みすみす彼らから自然に対する適応能力を奪うことになり、生態系を根底から乱すことにつながってしまう。その上、楽をして餌にありつくことを覚えた野生動物が次にすることといえば、里山に下りてきて、野菜畑に出没するだろうことは容易に想像がつこう。

しかし、ここで議論を停止してしまえば、（獣害）問題の〝本質〟はけして見えてこない。今でも餌付けで罠猟をする猟師は少なくないが、私に言わせてもらえば、彼らの猟が野生動物に与える影響（ひいては人間生活に与える影響）は限定的なものと考える。問題の核心は、なぜ彼ら（野生動物）が里山に下りてこざるを得なくなったかの本当の理由を考えずして、けして見えてはこないということだ。この拙著の究極のテーマも、まさにその点にある。これまで、獣害問題はいっさい核心に

ふれられることなく、常に議論の〝擦り替え〟が行われてきた。権利を主張できない野生動物がいつも「悪者」に仕立てられ、問題惹起の真犯人である人間は、都合のいい議論を盾に、のらりくらりと責任回避を決め込んできたのである。本書では、おいおいに片桐が問題の在処(ありか)を正確に白日のもとにさらし、今後、人間がとるべき態度（行動）を懇切に示してくれるはずだ。

さて、失敗を重ね、試行錯誤を繰り返すうちに見えてきたことは、弁当箱（罠）が大きすぎ、シシに容易に据えつけ場所を悟られてしまうことだった。ここで弁当箱の構造を説明すると、枠のついたアルミ製の踏み板（この形状が弁当箱と相似）を土台にして、この枠の周囲にワイヤーが渡されている。括られたワイヤーは塩ビパイプの中を通し、そこに強力なバネが組み込んである。このセットを、四センチほどの嵩(かさ)（高さ）のある四角い

使いこんだ弁当箱。アルミの枠の周囲に渡されたワイヤーが見える

ラックの支柱を利用して弁当箱のバネを絞る片桐

木枠にのせ、ウツ（獣道）に浅い穴を掘ってそっくり埋める。ワイヤーの端は、手近な丈夫な木の根に固定しておく。しっかりカモフラージュしたら、あとは通りかかる野生動物が弁当箱を踏むのを待つだけだ。

獲物が知らずに踏み板を踏んだ瞬間、弁当箱の枠から外れたワイヤーがバネの力で瞬時に縮まり、動物の足首を見事とらえる仕組みになっている。ワイヤーの太さは法律で四ミリ以上と決められている。しかし、ワイヤーにおけるわずか一ミリの太さの違いは、猟果の多寡を大きく左右する。つまり、四ミリ（の太さ）のワイヤーを使うか、五ミリのそれを使うかで、獲物のとれ方に大きな差が出るということだ。

「たった一ミリの太さの違いが、ワイヤーの作動の早さを大きく規定してしまうんです。分かりやすく言うと、細い四ミリのほうがだんぜん作動が早く、その分確実に動物の足をとらえることができる。四ミリの唯一の弱点は切れ易いということです。たった一ミリの差ですが、五ミリのほうがはるかに丈夫で、切れにくい」

かく言う片桐は、作動が早く、獲物を逃す確率の低い〝四ミリ〟ではなく、あえて五ミリのワイヤーを使用している。四ミリに比べて作動が遅いとはいっても、〇・〇何秒の世界の話なのだから、どちらのワイヤーを使っても問題はなさそうに思うのだが、事実はそうでないらしい。片桐がわざわざ五ミリを選んでいるのには、じつは重大な理由がある。それは、彼独自の猟法を知ればすぐ納得できるはずだ。罠の形態的な違いではなく、片桐の罠猟がほかの罠猟師のそれと決定的に異なるのは、獲物をとったあとの処置の仕方なのである。

前にも書いたが、片桐の猟法は獲物がシシかシカにかかわらず、またその大小を問わず、すべて生かして自宅（竹染）の解体場にもち帰る生け捕りだ。要は、罠にかかった獲物を生かしたまま確保する際に、四ミリのワイヤーでは切れる確率が五ミリのそれと比べて、格段に高くなる。つまり、捕獲のときに獲物に襲われる可能性が著しく高まることを意味するのだ。ワイヤーが切れた場合の危険性についてはあとで詳しく述べるが、本来生け捕りは〝命懸け〟の行為であり、ワイヤーの一ミリの太さの違いでその危険性を少しでも回避するべく、片桐はあえて五ミリのワイヤーを選んでいたのである。

もちろん、天才的な罠猟師である片桐は、作動の遅い五ミリワイヤーの不足分を補うべく、弁当箱の改良に加え、常に技術面での向上を心掛けてきた。具体的には弁当箱のコンパクト化と、より巧妙な罠の設置法の研究だった。そこには、ワイヤーの一ミリの太さの差で逃す獲物を、あらん限りの知恵と技術を動員して、一匹たりとも失うまいとする片桐の執念がうかがえる。

「弁当箱を使い出したころに比べると、だいぶサイズダウンしています。十年ぐらい前に法律で箱の短辺が十二センチ以下と決められてからは、それに従っています。箱の小型化と並んで、バネの改良、つまりより強力なものに代える点がポイントでした。ワイヤーの作動の遅れをバネの収縮の力で補おうと考えたわけです」

強力なバネに代えた分、経費がかさみ、罠の形状も少し大げさになったが、一方で獲物を逃す確率は格段に下がり、（襲われる可能性が減ったという意味での）安全性も向上した。反面、罠のサイズ

ウツに丁寧に弁当箱を仕掛ける片桐。地表に近い、ごく浅い場所にセットする

弁当箱からのびたワイヤーの端は、最寄りの丈夫な木に固定する

（面積）そのものが小さくなったことで、ウツを通る動物が弁当箱に足をのせる確率もおのずと低下した。しかし、これに関しては片桐はまったく意に介していない。

「技量のない者には、たしかにサイズダウンはマイナスに作用したかもしれません。よりピンポイントで仕掛けないと、かからないわけですから。ボクはその点を徹底的に研究して、ここしかないというところにセットするので、まず罠を迂回する（避けて通る）シシはいませんね。コツは、極力自然体に罠をしつらえる、ということです。動物

の気持になりきって……」
「野生動物は通り易いところを選んで通る習性がありますから、バレないようにウツに手を入れて、ここにかならず足を突くというポイントを人工的につくってしまうんです。彼らは鼻はもちろん、目もよく利きますから、その場に少しでも〝異変〟を残したら、すぐに感づかれてしまう。だから、罠を据え終えたあと、いかに寸分たがわず元の状況にもどせるかが、いちばん大事なんです。これはもう、だまし合い以外の何ものでもありません」
仮に、見た目（風景）の復元

刷毛を用い、弁当箱の据え付けの仕上げをする片桐に成功したとしても、シシは匂いの異変にはすぐ気付いてしまうという。何せ、犬の四十倍の嗅覚をそなえているのである。だから片桐は、シーズンを通してタバコも酒もやらず、整髪料やクリームはもとより、風呂での入浴剤使用も御法度だ。罠回りの際に身につける仕事着は、四カ月のシーズン中、一度として洗濯に出すことはない。シーズン終了まで、着たきり雀を通すわけである。また、猟場ではウツの上を歩くことも固く禁じられている。足を下ろした場所に、確実に人間の匂いが残ってしまうからだ。それにつけ、ウツに大胆にも手を加え、ぜったいに外さないポイントをつくるあたり、まさに名人芸、至芸といっていいだろう。

そうした〝絶対ポイント〟をつくる際、片桐はシシがなるべく前足をそこに下ろすよう、ウツを巧みに造作する。なぜ前足なのか？　それは、罠にかかったシシを生け捕る際、獲物の前足にワイヤーがかかっていれば、二重の意味で危険性が減るからである。このあと、片桐の罠猟独特の〝鼻取り〟についてふれるが、この鼻取りを操る上で、ワイヤーが前足にかかってくれていたほうが、断然安全にシシと対峙できるのだ。罠にかかったシシは極度の興奮状態にあり、足をワイヤーにとられていても、猟師目がけて何度も突進してくる。そのとき前足にワイヤーがかかっていれば、シシの自由は利きにくく、万が一猟師がシシに近づきすぎた場合でも、突っかけられる恐れが少なくて済む。

前足をワイヤーがとらえるもうひとつの利点は、仮に後ろ足にワイヤーがかかったケースと比べて、断然切れる確率が低くなることだ。荒ぶるシシの力は途方もないもので、罠にかかった場所が

県道からほど近い林間にあるヌタ場。泥の濁りがシシの存在を生々しく浮かび上がらせる

急な斜面であった場合、シシは自分の体重と傾斜による重力加増を利用して（考えて行動しているわけではないが）、易々とワイヤーを切断してしまう。このとき、ワイヤーが後ろ足にかかっていれば、全体重をのせてさらに勢いよくワイヤーを引っ張ることができ、たとえ五ミリのワイヤーであっても、とても持ちこたえることは不可能だ。

ところで、ひと口に〝切れる〟といっても、切れ方にはふたつのパターンがある。ひとつは文字どおり、ワイヤーそのものが切れるケース。もうひとつは、少々ショッキングなことではあるが、シシがみずからの足首を切って逃げる場合だ。私は片桐の罠猟に同行する中で、こうした状況を何度か目撃している。置き去りにされたシシの足首を、証拠としてもち帰ったこともある。

「人間の常識で考えると、何とむごいことと思ってしまうでしょう。でも、痛覚が鈍いシシは、人間が想像するほど痛みは感じていないはずです。傷口も二、三日すれば固まって、日常の行動には支障がないほどに回復します。野生動物のたくましさ、ですね」

常人なら卒倒しかねない狩猟の生々しい現場を、かくも明晰、かつ的確に分析してみせる片桐のほうこそ、私には途方もなく、たくましく思えるのだ。

ワイヤーから逃れる代償として、みずからの足首はこんな風に切れて、現場に残る

口取りから鼻取りへの進化

それはともかく、ここで片桐が生け捕りの際に使う鼻取りについてふれておく。私ははじめて片桐の罠猟に同行したとき、弁当箱の構造とともにもっとも印象に残ったのが、このユニークな鼻取りの使用だった。鼻取りの機能は、足を括るワイヤーの補完的な役割に加え、シシの鼻をとらえて別のワイヤーでもう一カ所支点をつくることで、シシの動きを完全に抑えこむことにある。動きを封じてしまえば、そのあとの捕獲作業を安全、かつ迅速に運ぶことができる。たかが一本のワイヤーだが、猟師の生命を守る大事な役目を担っているのである。

鼻取りの研究は、片桐がシシの生け捕りを決意したときからはじまったもので、前述したように、当初は罠にかかった獲物は撲殺して店にもち帰っていた。

「じつは、はじめから鼻取りを思いついたわけではないんです。その前段があって、最初は〝口取り〟を試したんですが、これがどうも巧くいかない。せっかくワイヤーが口をとらえても、浅くかかったときなど、容易に外れてしまう。シシは鼻は丈夫で大きくても、意外に歯は小さくて、しっかりワイヤーを受けとめてはくれないんです」

口取りから鼻取りに変更してからは、ワイヤーが抜け落ちることはほとんどなくなり、安心して生け捕りの作業に没頭できるようになったという。怖いのは、ワイヤーが鼻に浅くかかってしまったときだ。深く、しっかりとらえたときは問題ないのだが、たまに浅く引っかかったときなど、万が一外れるケースを想定しながら捕獲作業を進めなければならない。今シーズンでも、私が同行したとき一度だけこのケースにでくわしたが、足にはしっかり主ワイヤーが巻かれているとはいえ、気が気ではなかった。また、ワイヤーが鼻に浅くかかったときは、鼻がちぎれることでワイヤーが外れることもある。想像しただけでも痛々しい気がするが、足首のケースと同様、当の本人（シシ）はそれほど痛みは感じていないものらしい。

　片桐がなぜ危険な生け捕りに踏み切ったのかは次章で改めてふれるとして、まずは山の現場にもどろう。長石（旧天竜市）でタヌキを一匹屠ったあと、堀谷（旧浜北市）に据えられた罠をいくつか見回ったところで、ジムニーは渋川（旧引佐町）へと抜ける県道に出た。都田（みやこだ）川に沿った街道で、これをしばらく走ったのち、暗い針葉樹の林につけられた細い作業道を右折する。県道と五十メートルと離れていない林間に、シシが使う大きなヌタ場（ニタ）があり、片桐はこの周辺のウツにも好んで罠を仕掛ける。ここはどうやら大物がよくかかるポイントらしく、前のシーズンには罠の作動の不備で、八十キロ級の大物を取り逃がしたと悔しがっていた。それにつけ、ビュン、ビュンと車が行き交う県道の目と鼻の先で、シシやシカたちが悠然と泥遊びに興じる光景を、読者諸兄は果たして現実のものとして思い描けるだろうか。

　ジムニーの助手席で、ノートにメモをとりながら片桐の帰りを待っていると、「またやられちゃった。罠がバレていました。いつもここでは、してやられる」と、憮然とした様子でもどってきた。

観音山の西に続く尾根から望む
西久留女木・古東土の集落

きのうは罠に異常はなく、シシがここを通りかかったのは、つい数時間から半日くらい前までのことであったらしい。足跡の大きさからして、片桐はかなりの大物と踏んでいる。足跡は動物の体重や大きさはもとより、さまざまな情報を猟師に提供する。一頭なのか、またグループでの徘徊なのか。さらには足跡が両方向にむけてべったりつけられている場合には、その近くに餌場がある証拠だ。このときも、片桐は逃がしたシシが県道が通っている山の下方から、上方の奥山へと向かったことをしっかり頭に入れていた。

　いったん県道にもどり、川沿いに遡る形で数キロ走ったところで、ふたたび北側斜面の細道にとりつく。段丘の上には東久留女木（ひがしくるめぎ）の集落があり、片桐の罠はその里山の一角に仕掛けられている。東久留女木への斜面をのぼりかけたときから、私には何かしら予感めいたものが脳裏にチカ、チカと点滅していた。案の定である。罠にかかった大物が我々を待ち兼ねていた。

　そこは、造林地の中の尾根に当たる場所で、なぜかそこだけ山主が雑木のままに残したスペースが広がっている。片桐が罠を仕掛けるポイントの中では例外的に明るく、開放的な場所でもあり、罠回りでここに差しかかると、いつもホッとした気分にさせ

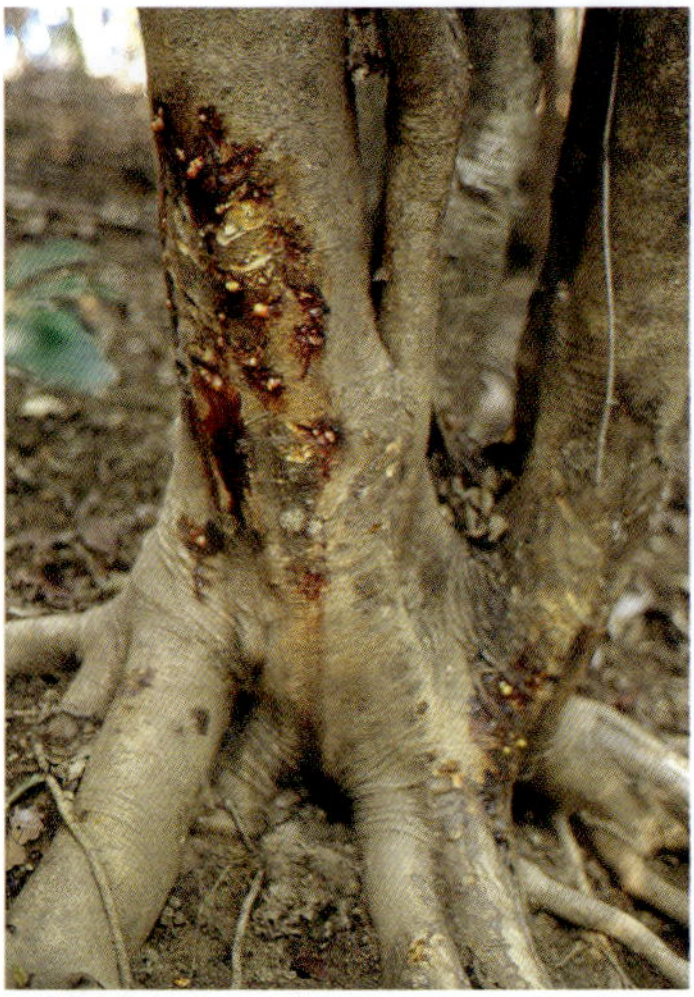

シシの“キバづけ”でヤニが吹き出した樅の幹

られる。私のいちばん好きな猟場でもある。罠の三十カ所の設置ポイントの中でも、ここの標高がもっとも高いのではないか。

ここでは、片桐の罠は太い樅（もみ）の根方に据えられている。樅はシシがもっとも好む木で、幹に〝キバづけ〟してヤニを染み出させ、そこに身を寄せて体表にヤニをこすりつけるのだ。

「ヤニの成分が虫除けになり、皮膚病や寄生虫がつくのを防ぐんです。その〝こすり場〟の近くにはかならずセットでヌタ場があります。ヌタ場で泥を浴びた彼らはここ（こすり場）にきて、こんどは樅のヤニを存分体になすりつけると、大満足でネヤ（寝屋）に帰るんです」

なるほど、この尾根のすぐ北側には浅い谷（もとは棚田）があり、そこは今、広々としたヌタ場になっている。山の棚田をシシがヌタ場として再利用（？）するケースは、狩猟の現場ではよく見られる

"こすり場"になすり付けられて乾いた泥

パターンだ。戦後、日本の高度成長がはじまると、まっ先に遺棄されたのが、こうした山間部の棚田だった。

さて、罠にかかって樅の大木の根方にうずくまっていたのは、八十キロをこす（あとで八十二キロと判明）雄ジシである。このクラス（八十キロ超）になると、何が起きても不思議はなく、細心の上にも細心の注意を払って事（捕獲）にあたらなくてはならない。

前に書き忘れたが、鼻取りを手に携えてシシに接近をはかるとき、間違ってもシシの下方から近づいてはならない。斜面の上からアプローチするのが鉄則なのだ。ここまで拙文を読んでくれた読者はすでにお分かりだろうが、猟師に向けて突進するシシは、特に体

罠にかかった82キロの雄ジシ。すでに足括りに加え、鼻取りのワイヤーにもとらえられている

重のあるシシの場合には、下向きの重力も手伝って、容易にワイヤーを切断してしまうからだ。鼻取りをシシの鼻に差し向けながら、片桐は瞬時に目の前の状況を分析してみせた。
「コレは先ほどの罠をばらしたシシに違いありません。逃げた方角、足跡の大きさから判断した体格とも一致します。あそこからは標高差で百五十メートルくらい、直線距離にしてちょうど一キロほど離れています。サカリ（発情）の直前で、まだ匂いは発していませんが、メス探しに必死だったはずです」
しゃべり終わるのと、鼻取りが逃亡犯の鼻をとらえるのが同時だった。以前は鼻取りで手こずる片桐をたまに見

口取りを準備する片桐（右）と、
最後の“あがき”を試みる雄ジシ

ることもあったが、最近は常に一発必中に近く、鼻取りをシシの鼻面にかざすが早いか、一瞬にして目的を完遂してしまう。慣れに加えて、年ごとに器具の改良をはかっている成果だろう。このあと私は、片桐の猟法のまた別の面を見せられることになる。捕獲に関わるふたつの〝新手〟をとくと目撃したのである。

じっさい、八十キロをこす雄ジシのパワーは、想像を絶するものがある。いつもなら、鼻取りでふたつ目の支点（固定箇所）をつくるや否や、片桐はサッとシシの体の上にとび乗り、四肢をあっさり束ねあげてしまうのだが、この日は違った。

鼻と口を包むように三本目のワイヤー（口取り）をかけ、鼻取りのワイヤーとほぼ直角の角度をとって、第三の支点をつくったのだ。片桐の猟には何十回となく同行しているが、ここまで完璧にシシの動きを封じたのは、これがはじめてのことだった。鼻取りのワイヤーで対峙してみて、罠猟の神様は直感的にその不足を感じたのに違いない。

成獣のオスだから、小さいものながらキバもはえている。二本のワイヤーで体を固定されているとはいえ、強く首を振った場合には、そのキバで切りつけられる恐れもある。ガムテープで目隠しをするときや、四肢を束ねるときが特に危険であるらしい。だから、第三の支点をつくったのは当然のことであったのだ。鼻取りで上顎しか捕らえられなかったときも、この口取りを使ってしっかり上・下顎を固定する。

第３の支点（口取り）をつくった
上でシシにのし掛かり、ガム
テープで目隠しをほどこす

目隠しを終えたあとは、完全に動
きを封じるために、四肢を束ねる

観念した雄シシ(手前)と、ひと息
つく片桐。やっと笑みがこぼれた

動物の息遣いが感じられない山

そのキバについて、あとで片桐が興味ある話を聞かせてくれた。

「さっきの（シシ）は、体重から判断して七歳ぐらいのシシのはずです。でもキバは小さかったですよね。最近はみんな、あんな感じです。大きなキバをもったオスに遭遇しなくなりました。シシのキバは死ぬまで成長しますから、本来ならもっと大きなキバをもったシシがいてもおかしくないんですが……。七歳のシシといえば、昔ならもっとずっと大きなキバを生やしていました」

キバが矮化した理由は、ふたつほど考えられるという。ひとつは、シシが人里に下りてくるようになり、畑で栄養価の高い食べ物にありつけるようになって以来、多産がふつうになった。以前は一度の出産でせいぜい二〜三頭であったものが、最近では六〜八頭産むことも珍しくないらしい。だが、たとえたくさん産んでも、人間に箱罠（狩猟免許のいらない檻式・箱型の罠）などですぐとられてしまうため、成獣になる暇（いとま）がない。

「あまりにも新陳代謝が激しいということです。すると、どんなことがおこるかというと、成獣まで育つオスの数も当然、限られてくる。つまり、これまでのように一頭のメスをめぐって、オス同士が壮絶な争いを繰り広げる必要がなくなってしまった。簡単にメスを娶（めと）ることができるわけですから……。だから、闘いのためのキバが大きいものである必要がなくなってしまったんです」

もし、こうした片桐の推測が事実だとしたら、人間はとうにシシを家畜化することに成功したことになる。私は豚のことを言っているのではない。野生のシシが、野生の状態ですでに家畜化されてしまったのだ。でもあなたは、「里に下りてきて、人間の食べ物を漁る(あさ)シシが悪い」と、シシを非難するだろうか。それがまったくの〝お門違い〟の見方であることを、いずれ片桐が証明してくれるはずだ。今しばらく、彼のオリエンテーションにつき合っていただきたい。

「シシのキバの矮化の理由としてもうひとつ考えられるのは、これに関しては気分が滅入るのであまり言及したくないのですが、シシという種がもはや生存（繁栄）のピークを過ぎて、下降線をたどりはじめたのではないか、という想像です。キバの矮化という形で、シシがしぜんに種の限界を露呈したのなら問題はないのですが、これにも人間のなりふり構わない生き方が黒い影を落としていると思うと、何ともやる瀬ないですね」

私は三十年近く狩猟の取材を続けているが、十年ほど前からは片桐の感じ方とまったく同様の印象をもってきた。『罠猟師一代』にも書いたことだが、このまま現状のような野生獣に対する対応を続けていたら、害獣の代表格とされるシシでさえ、早晩絶滅するに違いない、と。獣害対策の話は結論の部分に残しておくつもりだったが、どうもこれを避けていると、本書の展開がスムーズにいかないことが分かってきた。だから、この段階でまず、獣害対策の根本問題を明らかにしておきたい。

片桐の罠猟に同行すると、毎回彼が語気を強めて話すエピソードがある。こんな風に、だ。

「今まであったウツが消えて、シシが生活した痕跡が突如として失せたポイントや山が、最近急にふえているんです。動物の息遣いがまったく感じられない。以前はこんな極端な状況はけして見られなかった。見慣れたウツが山ごとなくなる現実を、想像してみて下さい」

同様の状況を、片桐に出遭う以前、私は椎葉の鉄砲組や日向の罠名人・林豊と一緒に、嫌というほど見てきた。これではシシもツキノワグマと同じ運命（絶滅危惧種）をたどるしかないなと、早くから懸念を抱いていたのだが……。宮崎から静岡に所を変え、片桐の猟に同行しはじめても、状況が好転する兆候はどこにも見出せなかった。それどころか、日ごとに最悪のシナリオに近づいていることを思い知らされる日々が続いている。片桐の説明がなくても、私は目の前で進行している破滅的なシシの減少を、痛いほどありありと感じとることができる。

「我々は余りにも短期間にシシの生活圏を奪い、彼らを袋小路に追い込んでしまった。山にはもう棲めないから、この先海にでも逃げて、そこで暮らせとでも彼らに宣告するつもりだろうか。じっさい、彼らはすでに天然記念物級の生き物になってしまった。ボクの猟場も、里山ではもうほとんど彼らに遭遇することがなくなってしまったから、徐々に市街地へと移そうと思っています」

日ごろのテレビ報道などでは、最初から人間が被害者という前提に立って放送されるので、獣害問題の核心はまったく視聴者に伝わることはない。まず最初に、この小さな惑星は誰のものかという出発点からして、マスコミ、ひいては人類の認識は相当ズレている。地球は生きとし生けるものすべての共有財産であるはずなのに、傲慢にも何を勘違いしたか、人間がこの星の統治者、あるい

獲物の運搬にかかる前に、片桐はシシを
捕獲した同じ場所に弁当箱を据えなおす

は管理者だと思い込んでしまった。

複合的な要因を排除するつもりはないが、シシの生存にとっての最初で、最大の危機は、戦後の狂乱的な拡大造林のスタートだった。シシたち野生動物にとっては、それはまさに、人間による青天の霹靂の〝侵略〟に違いなかった。あるとき、堀谷から続く尾根道をジムニーで走っていたとき、片桐がこんなことを漏らしたことがある。

「二俣に店（竹染）を構えたころ、このあたり（堀谷）ではまだシシをまったく見かけなかった。仮に罠を仕掛けても、ここではきっと一頭もとれなかったはずです。だいたい標高八百メートル以上でないと、彼らには出遭わなかった。当時はまだ、奥山に雑木の森がギリギリ残っていて、頭数的にも自然の抑制が利いていたから、里山に下りてこなくても、彼らは何とか暮らせていたんです。充分でないにしろ、どうにか餌にありつけていた」

「そうした野生動物の最後の聖域まで、日本人は容赦なく侵し、彼らを追い立てた。動物たちは致し方なく、恐ろしい下界（里山）にねぐらを移すしかなかった。シシをはじめとする野生動物にとって、人間ほど恐怖を感じる生き物はないわけで、それでも里山に下りてきたということは、じつに勇気の要った行動だったのです」

思い違いをしてほしくない。被害者は人間のほうではなく、明らかに本来の棲息地を追われたシシのほうであること、を。こうした問題の構図さえ理解せずに、日本人は一方的に野生動物に害獣のレッテルを貼り、五十年このかた、駆除と称してむなしい敵対を続けてきた。この間、政治の

竹染のカウンターに置かれた
筆者の前作『ラストハンター』

世界でも、また山の現場でも、獣害を根本的に考え直す動きはまったくと言っていいほど、おきなかった。賢い子どもなら分かるはずだ。彼らは言うだろう。「どうして大人たちは、針葉樹の山を少しでもいいから雑木にもどし、野生動物が生きられる森をつくってあげないの？」と。

獣害問題の本質はまさにここにある。野生動物が里山に現れて畑を荒らすことは、じつは問題の本質を考えようとしない人間の自業自得の結果であり、今のような態度を続ける限り、畑での被害は永遠になくならないだろう。遅きに失したかもしれないが、なぜ安住の地を彼らに分け与えようとしないのか。たとえシシを絶滅に追いやり、一時的にしろ被害が減少したとしても、いずれ彼らの不在で生態系が大きく崩れ、結果的に人間はその何倍ものしっぺ返しを被ることになるに違いない。

いずれにしても、残された時間は限られている。勇気をもって声を挙げ、行動に移すしか手はないのである。それとも、シシの絶滅まで果敢に（？）闘いを続け、次の世代に禍根を残す道を選ぶのか……。

車の後部ラックにおさまった大物と片桐。こんな獲物があったときは、その日一日気分が軽い

二章

神になった人間と家畜化された〝野生〟

人間がつくり出したシシの多産と〝二度産み〟

前章で、八十キロ超のシシに遭遇し、片桐がその確保にあたって、周到に三本のワイヤーで対応したことを書いた。じつはその次のステップ、つまり捕獲物（シシ）をジムニーまで運搬するに際しても、彼は私にこれまで見せたことのない〝業〟を披露してくれた。今回の捕獲場所は林道から五十メートルほどの直線距離にあり、しかも十メートルほど林道から下った位置にある。私は数年前の捕獲劇をなつかしく思い出していた。

あれは隣の西久留女木の浅い谷で、川越しの斜面に仕掛けた罠に、七十キロ（けっこうな大物）のシシがかかったときのことだ。あのときも、林道にとめたジムニーと捕獲した獲物との間の距離は、今回と同様に五十メートルくらいあった。四肢を束ね、足首をとらえたワイヤーを解放した上で、片桐は鼻取りのワイヤーを肩に担いだ。そうして、引きずるようにしてシシの巨体を谷川の縁まで運んだところで、対岸の崖上にとめてあるジムニーのところに舞いもどる。すると、ジムニーを反転させて、ウインチを装備した前部バンパーを崖に突き出させる格好で、停め直した。

次に、ウインチに巻きつけてあるワイヤーを緩めて谷底に下ろし、鼻取りのワイヤーとしっかり結びつける。リモコンでウインチを作動させると、おもむろに七十キロのシシは崖をずり上がって

ジムニーのフロントに装備した
ウインチを使っての運搬作業

いく。林道まで運び上げられたシシは、ジムニーの後部ラックに寝かされた状態で括りつけられる。これで捕獲作業の完了となるわけだが、このときの片桐の体力の消耗は、端から見ていても手にとるように伝わってきた。

だから、今回の大物捕獲にあたって、片桐がどう獲物をジムニーまで運ぶのか、じつは罠にかかった巨体を発見した段階から、ずっと私は気になっていたのである。西久留女木のケースのように、ウインチで急斜面を引きずり上げる手はある。しかし今回は、斜面途中に突き出た木株や雑然と生える灌木が邪魔して、容易にウインチは使えない。それに、たとえ途中で何度も方向を修正しつつ運び上げたとしても、この長い距離（五十メートル）をゴロゴロ移動させたのでは、大事な商品が傷む可能性もある。

片桐が使ったのは〝滑車〟だった。たぶん、彼はこの罠場で、この大物を見た瞬間に、どうジムニーまで運ぼうか、とうに決めていたに違いない。いつものごとく、私としてははじめて目にする滑車利用の運搬術も、片桐はじつに見事にこなしてみせる。この男には不可能の文字は存在しないのではないか――片桐に会うたびに思い浮かべる常套句である。

彼がまずやったことは、獲物とジムニーのそれぞれ最寄りの木を一本ずつ選び、その間に滑車を通すロープを渡すことだった。途中の木立にも二カ所ほど中継箇所をもうけ、ロープがたわまない工夫をほどこす。その上で、シシの束ねた四肢を滑車の下側に吊るし、ウインチから伸ばしたワイヤーを同じ場所にセットして、獲物の引き上げにかかった。

すると、八十キロ超の巨体は背中を下にして、スルスルと斜面をのぼりはじめた。背中がスレスレ地表につく体勢で、シシは造作なくジムニーのもとまで運び上げられる。余りにもあっさりと片桐が難題をクリアーしてしまったので、決定的瞬間をカメラにおさめようと意気込んでいた私は、高揚した感情をもて余すほどだった。それにつけ、不運であったのはこの雄ジシである。せっかく下の罠は巧みにすり抜けたのに、ホッとした（?）矢先に〝伏兵〟に引っかかってしまった。一勝一敗の代価は、とても高くついたのだった。

滑車でシシを運ぶための、ロープのセッティング

ロープをたわませながら移動する獲物のシシ。
狩猟にはこんな技術も必要とされるのだ

ところで、この大物が罠にかかっているのを発見したとき、片桐は瞬時にサカリ（発情）直前の雄ジシであると分析してみせた。ここで、シシにとっての発情がいかなるものか、考えてみたい。雄ジシの場合、人間のオスと同様、基本的に通年発情している。一方、メスは早いケースで十二月中旬ごろにサカリがきて、一月いっぱいぐらいまで発情が続く。とても短い。

「サカリは雄ジシが発する匂いですぐ分かります。サカリがつくと、オスはメスを求めてひと晩に四十キロもさ迷います。罠にかかって、みずから足首を切断して逃亡するときも、狂乱状態でとんでもなく遠くまで逃げ延びますが、それと匹敵するくらいの距離を徘徊するんです。わずかの水と餌で食いつないで……」

「一月中〜下旬がサカリのピークです。きょうとれた雄ジシはまだしっかり脂（あぶら）が残っていましたが、ピークのころには蓄えた脂肪を使い果たし、見る影もなくガリガリに痩せてしまいます。その上、ライバルとの闘いで体は切り傷だらけに……。交尾の跡の草むら（主にシダの繁茂地）は、まるでミステリーサークルのようです」

片桐のじつに観察の行き届いた描写である。こうした種を受け継ぐ厳かな儀式は、人知れずミステリーサークルの中で営まれ、二月に入ると何事もなかったかのように、パタッと静まってしまう。「まさに一瞬の輝き」とは片桐の名文句だが、野生動物の発情にはどこか潔（いさぎよ）さのようなものが感じられてならない。

ところで、オスが発情してガリガリに痩せるのとは対照的に、メスは発情後もさらに脂がのり、その肉にありつく人間の立場からすると、お誂え向きの〝御馳走〟になる。

「オスも交尾前の状態なら、脂がのっていて美味ですが、一般に〝寒ジシ〟というと、年が明けても脂が落ちない雌ジシのことを指します。でも、いちばんおいしいのは発情のこなかったメスで、身付き（肉付き）がよく、脂ものっていて、最高ですよ。この時期、雌ジシがとる行動に野生の原点を見る思いがします。それは、交尾するまで当たり前のように子どもを引き連れていた母親が、妊娠した途端にキッパリ我が子を突き放すんです」

九州の猟師たちも、「いちばん旨いシシ肉は、メスの十〜十二貫（三十七・五〜四十五キロ）ぐらいのもの」という言い方をよくするが、それはまだ発情を知らない二、三歳までの雌ジシのことを指しているに違いない。ただし、最近は栄養状態がよくなったために、二歳で発情するメスが増えたらしい。後半の話は、野生動物の生存の厳しさをリアルに伝えてくれるものだが、今や人間界にもシシの母親とよく似た新時代のお母さんがたくさん出現しているというから、こうした雌ジシの行動もそれほど驚くには値しないのかもしれない。こうした傾向を、単純に人間の野生化と見なしていいものか、悩むところだ。

ちなみに、シシの妊娠期間は五カ月、約百五十日である。年のはじめごろ妊娠すると、出産は六月上〜中旬ということとなる。この妊娠――出産のサイクルは、じつに理にかなったものといえる。なぜなら、山野（畑もそう？）に餌が豊富になる春から初夏にかけてのシーズンに、出産と、それに続く子育てがはじまるからだ。自然の摂理といえばそれまでだが、自然界の仕組みはかくも巧妙に組み立てられているのである。

ところで、シシの栄養状態がよくなるにつれ、多産化という現象がおきていることは、前にふれた。人間の都合のために奥山から追い立てられ、生き延びるためにおぼえた作物の味により、文字どおり人工的につくり出されたシシの多産化。これがシシの家畜化でなくて、いったい何だろう。しかし、ここにきてもっと深刻な問題が顕在化している。片桐の表現で言うと〝二度産み〟、つまり一年に二度の出産という異常事態が日常化しているらしい。なぜ、こんなことがおこるのか。片桐が分かり易く絵解きをしてくれる。

「六月ごろに生まれる春仔が、箱罠（檻）などで簡単にとられてしまうことは、前に説明しましたよね。そうすると、出産した雌ジシの乳は途端にとまってしまう。結果として、またすぐ発情がくるんです。二度目の発情で妊娠すると、出産は秋十月ころになる。これを秋仔と呼びます」

望まれて生まれてきたわけではない秋仔は、元気に育つことは稀だという。当然のことだろう。冬に向かう食糧の乏しい時期でもあり、栄養失調になるのは目に見えている。だが、秋仔にとってもっとも怖いのは、人間と同様に、風邪だという。「この幼児期に風邪をひいて腹をこわしたら、百パーセント生き延びることは不可能です」と、片桐は断じる。

私が危惧しているのは、望みもしない二度の出産を強いられる母体の健康のほうだ。雌ジシに相当な負担がかかっているだろうことは、容易に察せられる。片桐は前に「シシはすでに繁栄のピークを過ぎてしまったんじゃないか」という言い方をしたが、ここに取りあげた雌ジシの二度産みのような重大なストレスが重なれば、どんな野生動物も健康には生きられない。おのずと体の抵抗力は落ち、繁殖力も低下し、種としての繁栄は覚つかなくなってしまう。片桐が「ピークを過ぎたのでは?」と言っているのは、まさにこれを指しているのである。

どんな生き物も、いったんピークを過ぎて下降線をたどると、絶滅へのカウントダウンはじつにスムーズに進行する。たぶん、現在は一方的に害獣扱いされているシシも、絶滅危惧種の指定を待つまでもなく、近い将来、じつにあっけなく地上から姿を消すに違いない。そのときになっても、人間はみずからシシのピークをコントロールし、絶滅に追いやったと悟ることはないだろう。後悔も反省もなく、これまで通り我関せずと生き続けることを願うはずだ。

だが、そう上手くはいかないだろう。シシを絶滅させることで、それを取り巻く生態系のバランスがどれだけ崩れ、いかに広範で致命的な影響が出るか、我々人間はとんと理解できていない。それだけではない。とどまることをしらない乱開発と最強農薬(拙著『日本茶の「未来」』参照)の大量投下で、もはや我が国の絶滅危惧種はすべての動・植物に及んでいる。つまり、この国ではすぐにでも、ありとあらゆる動・植物種を危惧種指定しないと、貴重な種がこの瞬間にも永遠に失われてしまう可能性がある、ということだ。冷静に身の回りを眺めてほしい。二十年前、十年前にはギリギリ目にしていた昆虫、小動物、野鳥などが、今はまったく姿を消してしまったことに、愕然とするはずだ。

「静岡県民や車のドライバーは、暢気に新東名の開通を喜んでいるけれど、山間地を横切るあの太いベルト（高速道路）が、どれだけ野生動物のささやかな棲息域を脅かし、生存を危うくしているか、まったく気付いていない。もちろん、植生に与えた影響も計り知れない。この現代版万里の長城の完成が、取り返しのつかない生態系の攪乱を引き起こしていることを、ちゃんと知るべきです」

片桐の罠猟では、三十カ所の設置場所のうち、最後に見回る数カ所がちょうど新東名と三遠南信縦貫道が交差する引佐インターの周辺に散在する。罠の巡回でこのあたりを通るたびに、ふだんは温厚な片桐が決まって景色ばむ。とぐろを巻くインターの巨大な構造物は文明の成れの果ての姿であり、人類が目指すそれの方向性の錯誤と限界を、おのずと示すものにほかならない。ジムニーの助手席で、「人間は今こそしっかり、考え方をリセットしないと……」という片桐のつぶやきを、私は何度聞いたことだろう。

シシ肉の獣臭を消した独自の失血法

ここで、前章で約束したように、片桐がなぜ生け捕りにこだわるのか、その点を明らかにしておきたい。これまで述べてきたように、生け捕りには常に生命の危険がつきまとう。つまり、生け捕りは命懸け、ということだ。ではどこに、そこまでしてシシを生け捕る理由があるのか。片桐の説明は明快だ。その前に、拙著『罠猟師一代』の主人公、林豊の獲物の捕獲時における処理の仕方を振り返ってみたい。

林は罠（足括り）でシシを捕えた際、生け捕りではないが、出来うる限り肉質保持の処置をほどこす。具体的には、実弾一発でシシの頭を撃ちぬき、瞬時に絶命させる。間違っても心臓は狙わない。次に林がとる行動は、間髪を入れずに頸動脈にナイフを刺し、シシの足を速やかにワイヤーから外すと、林道の法面に頭を下にしてシシを横たえる。すると、ドクドクといった感じで、シシの体内にあった血液が喉の外にほとばしり出る。林はこの処置法について、こんなことを言っていた。

「一にも、二にも、肉質を極力劣化させせないための処方なんです。劣化の最大の要因は血液です

頸動脈をナイフで刺したのち、林道の法面に頭を下にして獲物を横たえる宮崎の罠猟名人・林豊

から、商品としての肉の品質を少しでも高く保つためには、シシの体内から可能な限り早く、かつ完全に血を体外に排出させる必要がある。ナイフを入れる場所が、心臓ではなくてなぜ頸動脈なのかというと、心臓からはうまく血が抜けないばかりか、かえって体内に血が回ってしまう。それは血ワタ（血溜まり）となって残り、周辺の肉を傷める（つまり腐敗）だけでなく、時間の経過とともにそこから悪臭を放ちはじめます」

血ワタは銃弾が体内にとどまった場所や、猟犬が咬みついた部位、さらにはワイヤーで括られた足にもできる。だからこそ、シシ肉を肉質本位に考える林は犬を使わない罠猟にこだわり、さらには罠にかかったシシを仕留める際にも、商品（顧客がついている）である肉を傷めることのないよう、わざわざ頭を撃ちぬく方法を選んでいるのである。林がこうして処理（血抜き）したシシ肉の相伴にはじめてあずかったときのことを、私は今もはっきりと覚えている。それまでは、一般の人が抱く印象と同様、つまりシシ肉は生臭いものとてんから決めつけていた。だが、林が血抜きしたシシ肉はほとんど獣臭がせず、何とも爽やかな風味、口当たりなのだった。じっさい、臭いが気にならないせいで、食欲が後を引き、いくらでも食べられた。

片桐の処置法も、肉質本位、顧客本位という点では、林の考え方とまったく同じだ。つまり、肉の品質を最優先するために、林以上に血抜きにこだわる。そのための生け捕りであり、それに続く解体前の血抜き法は、まさに究極の〝秘術〟を思わせる。その秘術を滞りなくほどこせるよう、片桐は文字どおり命懸けでシシを生け捕るのである。

さて、足と鼻の二カ所の支点を無事つくり終わると、片桐はシシの体の上に馬乗りになって四肢を束ねることは、前に書いた。正確に流れをたどると、束ねる前にひとつ重要な手順を踏んでいる。目隠しの処置である。片桐はこれにはガムテープを用い、シシに馬乗りになった瞬間に、顎ごと、目をふくむ顔をグルグル巻きにする。事情を知らない素人がはじめて目隠しされたシシを見たら、ちょうどシシ用の眼帯と勘違いするかもしれない。

「どんな獰猛な野生動物でも、視力を奪われたら張子の虎のように大人しくなってしまう。静かにしていてくれたら、その後の作業もスムーズにはかどります。解体場での血抜きに向けて、とにかくシシの安静を保つことが大事なんです」

なるほど、一日の罠の見回りを終えて自宅（店）横の解体場につくころには、ラックにのせられたシシは眠っているかのように静かになっている。四肢

猟果のシシをラックにのせて、
渋川の山を下るジムニー

は束ねたまま解体場の床の上に寝かせ、目隠しもそのままに、しばらく放置しておく。少しでもシシが落ち着けるようにとの最後の気配りだ。この時間帯ほど、取材であるとないとにかかわらず、命の尊厳と向き合う、限りなく重い瞬間はない。目の前に横たわるひとつの命が、間もなく、確実に天に召されようとしている。目隠しされたシシはとうにみずからの運命を悟っているに違いない。でなければ、この静けさが理解できないのだ。シシの内部にはすでに身替わりの神が宿り、シシの魂との交替を終えて、その〝瞬間〟がいつきてもいいように待ち構えているように見える。

やがて、片桐はおもむろに神棚の下のハンガーから細身の槍を取り出す。刺殺用にみずから調整した専用の槍である。その槍を携えて、片桐はシシの頭の方角に立つ。槍の穂先をシシの胸の位置に静かに下ろした刹那、槍はシシの右の鎖骨の後ろから素早く差し込まれ、一瞬にして心臓に達している。はじめてこの場面に立ち合ったとき、余りにも瞬時の出来事であったため、私は目の前で何がおきたのか、まるで理解できなかった。

「このひと刺しをマスターするのに、正直、何年もかかりました。槍が単に心臓に達して穴を穿てばいい、ということではないんです。なるべく小さな穴でないと、意味をなさない。一頭、一頭の外皮の厚さも違えば、心臓の大きさにも差がある。だから、突き刺す加減を一頭、一頭、微妙に変える必要があるんです」

胸に槍を受けた瞬間、シシは一瞬ピクッと動いたように見えたが、あとは寝入るように静かに横たわるばかりだ。ときどき吐息をつくように大きく息を吸い込むが、それはどう見ても死を前にした生き物の動作とは思えない。むしろ平和で、満ち足りていると錯覚されかねない、じつに静謐な光景なのである。しかし、心臓に開けられた小さな穴からは、脈動のたびに血液が少しずつ、しかも確実に胸腔（きょうこう）に吐き出されていく。二十分余りがたち、脈動がいよいよ細くなるころには、体内の血液はすべて胸腔に満ちた状態になる。もちろん、横隔膜で隔てられた下の腹腔（ふっこう）には、一滴たりとも血液は流れ込んでいない。

これが長い年月をかけて片桐が編み出した独自の失血法であり、このやり方により、全身の毛細

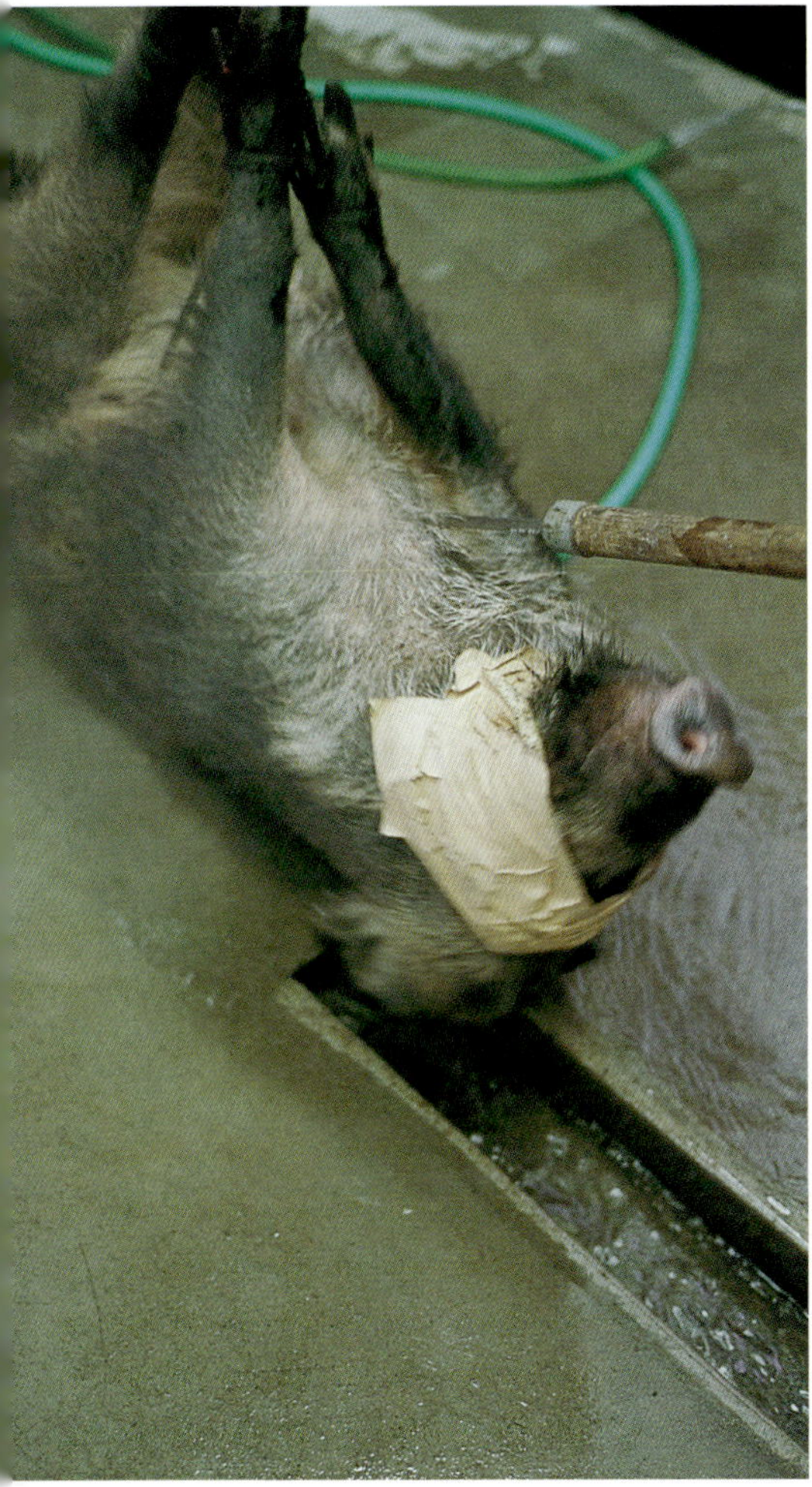

獲物の心臓目掛けて槍が打ち込まれた瞬間。シシは小さな声ひとつ挙げない

血管に残る血液までも、きれいさっぱり心臓に呼びもどされるという。

「シシ肉の臭みの原因は、この血抜きの拙(まず)さからくるんです。鉄砲で撃たれたシシが臭いのは当たり前です。全身に血液が滞ってしまい、それが時間とともに酸化するわけですから……。私がたどりついたやり方だと、血液はほぼ一滴残らず胸腔に集まる上に、呼吸停止した直後にそれを体外に排出させるわけですから、臭みの出る理由がありません」

脾臓を神棚に捧げて猟果に感謝する片桐

片桐の説明はじつに理路整然としていて、獣臭が醸成される仕組みが我々素人にもよく理解できる。ここまで片桐が血抜きにこだわるのは、前にも書いたが、店の客に最高のジビエを供したいという一途な思いからだ。シシ肉は臭いという常識を覆す、清々しい香りと味が後を引く本物のシシ肉を、客の世代を問わず、存分に楽しんでもらいたい……。その理想を実現させたのが、まさに生け捕りからこの屠殺へと至る片桐独自のノウハウであったのだ。

「日ごろ、猟師は獲物に憐れみを覚えたら終わり、と念じてきました。その上で、神から授かった大切な命をいただくわけですから、こちらも中途半端な気持で対処することはできない。全身全霊で野生動物と向き合い、彼らの魂を神のもとへもどしてあげたい、と。だからこそ、肉の処理には最善を尽くし、それをお客さんが喜んで食べてくれることで、獲物へのいちばんの供養になると考えています」

解体場の一角に神棚が祀られているのも、そうした片桐の命に対する考え方からきているのだろう。血抜きのあとの解体の具体的な流れについてはあとの章で細かくふれるが、その一連の作業の過程には、神からの授かり物に精一杯報いようとする一猟師の真情が見てとれる。

「蹴り棒」と「ニセの貼り紙」

さて、三たび山の現場にもどろう。罠の達人・片桐に同行して猟場を回っていると、ひとりで歩いていたらけして目にとまらないさまざまなシーン、景色が、興味深く浮上してくる。私がはじめて〝蹴り棒〟の存在に気付いたのも、たしか二シーズン目か、三シーズン目に入ってからのことだった。目の前にそれがあっても、その有り様が不自然だと見えないうちは、何もないと同然のごとく見過ごしてしまう。あるとき、いつものようにジムニーの助手席にのって罠回りをしていると、林道の法面(のりめん)につけられたウツに、連続して短い棒が横向きに置かれているのに気付いた。斜面の下から(逆の場合もある)ウツをたどってきたシシやシカが、林道を横切って斜面上部へのぼろうとする場合、必然的に崖状の法面を急登しなければならない。本来なら、こうした法面のウツに残された獣の足跡は、猟師にとって最高の情報源になる。

前にも書いたが、片桐クラスの狩猟の達人であれば、法面についた足跡をひと目見るだけで、その近辺に暮らす野生獣の棲息状況を瞬時に把握してしまう。法面のウツを通った獣の種類、群れの頭数、親子などの群れの構成、どちらの方角に向かっているか等の情報を、即座に、かつ正確にキャッチする。だが、こうした名人レベルの猟師は滅多に現れない。片桐や宮崎・日向の林のように、幼少のころから山にドップリ親しむ生活をし、それに加えて天賦の才（器用さなど）があり、その上で不断の努力を重ねる精神力がない限り、けして達人は生まれないからだ。天才は必然と偶然の出遭いの賜物、と言えるだろうか。

　それはともかく、凡人の代表である私は、ある日ハッと法面のウツに意識的に置かれた蹴り棒の存在に気付いた。それまでは、その不自然

（右）林道の法面につけられたシシの足跡
（左）ワザとらしく林道の法面に置かれた蹴り棒。最初はなかなかこれに気付かない

さにまったく目がとまらなかったために、単純に見過ごしてきたのである。片桐の罠猟に数多く同行することで、つまり現場経験を重ねたゆえに、見えない猟場の景色が見えてきたのである。だが、ウツを横切るように置かれた棒が人為の仕業であることは分かっても、いったい誰が、何のために仕掛けたのか、皆目見当がつかなかった。わざわざ説明するのももどかしいといった表情で、片桐が蹴り棒の由縁を説明してくれる。

「技術的に稚拙な猟師たちが、よくやる手なんです。ウツを通る動物がこの棒を足に引っかければ、たしかに何かが通ったことは分かります。情報として得られるのは、たったそれだけ。足跡を読む能力があれば、まったく必要のないテクニックなんです。足跡を見抜けないから、こんなつまらないことに手を染めるわけで……」

なるほど、これでは片桐が私にいちいち解説する気にもなれない心理が、よく理解できるのだ。また、蹴り棒を置く猟師にかぎって、平気で餌を使い、楽をして動物をおびき寄せるのだという。私は幸運にも、名人片桐に同行して数多く猟場を回ったおかげで、蹴り棒に頼る猟師よりもよほど足跡を読めるようになった。ひょっとしたら、今では見様見まねでウツに弁当箱を仕掛けるところまでは、片桐の次くらいに巧みにこなせるかもしれない。問題は生け捕りだ。臆病で体力のない私には、命懸けでシシに立ち向かう勇気なんぞ、どこを探しても、ない。まあ、生け捕りは夢の、また夢ということ。

蹴り棒も分かってしまえば「なぁんだ」ということになるが、〝ニセの貼り紙〟も片桐に教えられるまでは、そのからくりにまったく気付かなかった。どういうことかといえば、罠猟では鉄砲と異なり、罠を仕掛けたポイントには、その至近の場所（木の枝など）に名札様の鑑札を結びつけておくことが義務づけられている。万が一、ハイキングなどでその場を通りかかった人間が、罠にかからないための予防措置である。だが、読者諸兄はご安心いただきたい。このタイプの括り罠は、たとえ人間が誤って足を搦めとられたとしても、ワイヤーの締まりは手で容易に緩められる構造になっている。手（足）を自由に使えない野生動物にとっては、かかったら最後、もう逃げる手立てはないが……。

罠猟の場合、鑑札とは別に、罠の最寄りの立木などに、「罠に注意！」といった内容の貼り紙をガムテープなどでとめておくのが、ふつうだ。鑑札が法律で義務化されているのとは違い、貼り紙の掲示はあくまで猟師の自主性にまかされているが、罠猟が盛んな土地はどこでも、貼り紙をするのが常識となっている。そうした罠猟師の良識を逆手にとって、罠を仕掛けてもいないのに、ニセの貼り紙を立木に巻きつけて、いかにも罠を敷設したかのような振りをする輩がいるらしいのだ。

「鉄砲の組も、罠猟師も、どちらもやりますね。いい猟場に他人を入れさせたくない一心で、似せの貼り紙をはるんです。要は、欲の皮がつっぱっているわけで、こういう挙に出る猟師にかぎって、へっぽこが多いですね。人の獲物を羨む必要はないんです。好きな場所で、自由に腕を試すのが狩猟の基本なんですから」

シシ猟は相手が鋭敏な五感の持ち主だけに、罠師にはおのずと高度な技術と知識が要求される。

対シシ戦略を練るだけでも相当なエネルギーを費やさざるを得ないのに、それ以前に対人間（同業者）の問題でこれほど振り回されては、おちおち猟に没頭することは不可能だ。しかし、片桐の罠回りに同行して猟場をめぐっている限り、達人はいっさいこうした妨害に影響されている素振りは見せない。瞬間的に貼り紙の真偽を見破り、罠をかけるべき場所には迷うことなく、淡々とかけていく。それが名人の、名人たる由縁なのだろう。

生活ウツと逃げウツを兼ねるしぶり

次に、ウツにも種類があるという話をしたい。片桐は獣道（ウツ）を「生活ウツ」と「逃げウツ」に分類する。もちろん、命名は片桐自身によるもので、その点でも猟の実感に即したものになっている。さて、ウツに関してここまで述べてきたことは、すべて生活ウツにまつわるエピソードだった。緊急の場合を除き、シシをはじめとする野生動物は常にこの生活ウツを移動している。だから、罠猟においても、猟師たちが罠を仕掛けるのは、もっぱらこの生活ウツに限られる。

一般の人間では、まずウツを見分けられるようになるまでに、相当の経験を積む必要がある。山の斜面にほのかに引かれた動物専用の〝歩道〟が、容易に見えてこないのだ。三十年も狩猟を追いかけている私でも、ウツをまたいでもそれと気付かないことが、いまだにある。しかし、経験の功（こう）はあるもので、生活ウツに関して、私はひとつ意外な事実を発見している。生活ウツはけして（動

物が）歩きにくいルート上に引かれているのではなく、むしろとても歩き易い、合理的なコースを選んでつけられている、という点だ。じっさいのところ、ウツは人間がその上を歩いてもじつに歩き易く、傾斜の急な場所は巧みに回避されている。つまり、動物が本能的にデザインした生活ウツは、人間にとっても理想的なハイキングルートになり得るということだ。

　ここで予想されるのは、それなら林道の法面につけられた垂直に近いウツは何なのか、という反論だろう。ちょっと待ってほしい。反論の前に、林道が引かれる以前のその場の状況を思い浮かべてほ

しい。林道によってウッが寸断される前には、そこにはほかの場所と変わらぬ歩き易い（動物にとって）ウッが通っていたはずだ。それを突如分断し、歩きにくい垂直のウッに変えたのは、人間の都合ではなかったのか。野生動物だって、みすみす怪我をしそうな危険なポイントを、わざわざウッに組み入れようなどとは考えない。そんな場所は、できれば避けて通りたいと、彼らも本能的に感じているはずだ。

「生活ウッの第一の要点が歩き易さにあることは、じつにもっともなことなんです。それは、生活ウッが何のためにあるかを考えれ

ウツ２態。右はまだ素人でもそれと分かるが、左になると目を凝らしても見抜けない

ば、すぐ分かります。生活ウツはネヤ（ネグラ）と餌場とを直に結ぶものであって、ウツをたどっていけば、かならず彼らが餌場としている場所に行きつきます。ボクが法面のウツで往復の足跡を丁寧にチェックすると言ったのは、そうした餌場に彼らがたしかに通っていることを確認するためなんです」

そうして、シシが頻繁に使っている（つまり頻繁に往復している）生活ウツを選んで罠をセットすれば、おのずと獲物のかかる確率は高くなる。片桐が「罠は効率よくかけないと（いけない）」という意味は、まさにこれを指している。

それでは、もうひとつの「逃げウツ」とは、どんな獣道のことを言うのだろうか。文字どおり、これは緊急の際に命を守るために使う逃げ道で、ふだんはまったく利用されていない。野生動物にとっての〝火急〟は、たとえば猟犬の追跡を受けたときとか、ワイヤーでみずから足首を切って逃げるときとか、山中で突然人間に出遭ったときなどが、それに当たる。

「逃げウツは生活ウツとはまったく逆の発想でもうけられています。ある地点で危急の場面に遭遇した際、そこからいかに早く安全な場所に移れるかが、逃げウツに課せられた筆頭要件なんです。だから、生活ウツの設定とは正反対に、後ろから迫りくる〝追手〟をいち早く、一気に撒（ま）くことができるよう、わざと追跡しにくいポイントを選ぶように設営されています。〝尾根替わり〟は逃げウツには必須の、効果の高いバリエーションです」

尾根替わりとは山を替えることを指すが、これと並んで野生動物がかならず逃げウツに組み込んでいるのが〝悪場〟だ。登山の用語としても使われる悪場（通行困難で危険な場所の意）だが、狩猟ではもう少し広い意味に使われている。カモシカが岩棚について、追手の動物を角にかけて崖下に振り落とす行動はよく知られているが、シシも追手の追跡をくらますために、障害になりそうなもの・場所は何でも利用する。その代表が〝しぶり〟だ。「渋る」には〝なめらかに通らない〟〝きしる〟などの意味があるから、悪場のしぶりもそのあたりが語源になっているのだろう。

具体的には、しぶりはシダ、カヤ、ササ、スズタケなどが密生した場所で、人間はもとより、猟犬でさえ近寄れない内部構造（トンネル）になっている。しぶりはシシが日常的にネグラ・産室替わりに利用している場所だが、しぶりにはもうひとつ、逃げウツとしての重要な役割がある。

「しぶりは雨も、雪も防いでくれる。子育てには理想的な場所なんです。たいがい山の八合目あたりにあって、上にも、下にも逃げられるポイントを占めている。上に逃げればすぐ尾根ですから、容易に山を変えられる（尾根替わり）ということです」

ここでハタと気付いたことがある。しぶりはシシがネグラとして利用しているかぎり、生活ウツの一端を担っているはずであり、一方緊急事態の発生時に悪場として使われる際には、逃げウツとしての機能を発揮していることになる。しぶりはシシの一生にとって、なくてはならない〝安全装置〟と言えるだろうか。

それはともかく、逃げウツは常時利用されている道ではないため、地表にほとんど痕跡をとどめていない。したがって、現場同行を重ね、猟場にだいぶ目が慣れてきたとはいえ、私のレベルの観察眼では、とても逃げウツまで見極めることは不可能だ。片桐のように、罠猟に生活と命を懸けるぐらいでないと、判別できないウツなのであろう。

「人間は他の生き物と共生できない」

ウツに関係する話をもう少し続けたい。片桐から聞く蘊蓄話は、どれもこれも実体験に裏打ちされたものであるため、どんな些細なエピソードであっても、すこぶる面白い。野生動物の習性とからめた以下のような話も、私は子どものように胸を高ぶらせて、ワクワクしながらそれに聞き入った。

「ふだん、野生動物がけして脇道にそれたりせず、几帳面にも生活ウツしか利用しないのは、ただただ我が身の安全を考えてのことなんです。いかなる危険が待ち構えているかも分からない見知らぬ道は、けして歩かない。それどころか、安全が確認済みの生活ウツでも、ほんのわずかでも支障（異変）を感じとったら、引き返すか、迂回するという挙に出るくらいです」

「野生動物に共通の、この痛ましいほどの慎重さ、警戒心が、狩猟のレベルで見ると逆に仇になっている。つまり、安全が担保された同じ道（生活ウツ）しか通らないから、猟師にしてみればこれほど扱い易い相手はいないことになる。頻繁に通う生活ウツにポイントを外さないで仕掛ければ、まず取り逃すことはないわけですから」

「(動物の)警戒心がかえって仇になっている」と感じとる片桐の感性に、やはり私は天賦の才、規格外の能力を見てしまうのだ。しかし、片桐の本当に偉大なところは、こうした野生動物たちの仇になりかねない習性を、単に畜生の劣性の資質と決めつけるのではなく、むしろ逆に優れた天性と捉えている点だ。次の一節なんぞ、私は思わず姿勢を正して聞き惚れた。

「世界中のシシ(イノシシ)を思い浮かべて下さい。彼らはどこの風土に棲んでも、まったく同じ習性で生きている。ヨーロッパに棲むシシも、アメリカに棲むシシも、日本のシシとまったく同様の暮らし方をしている。シシの世界にヨーロピアンも、アメリカンもないんです。それだけ地球の自然に見事に則して生きているわけです。ボクはそこに、動物として自然にもっとも適合した究極、かつ理想の生き方を見てしまう」

　自然に則して生きている分、彼らはみずからその生存の根幹である棲息環境を壊すようなことは、けしてしない。これまで、自然環境を壊す(それも徹底的に)ことでギリギリ種を維持してきた人類と比べるとき、彼らのつましさがいっそう際立つのである。しつこいようだが、彼らが里山に下りてきて野菜畑を荒らしたり、家畜の飼料をあさるのは、本来なら恐ろしい人間と接触することなく心静かに、安心して暮らせるはずの奥山が、その疫病神たる人間に完膚なきまでに開発、破壊し尽くされてしまったからなのだ。針葉樹に埋め尽くされ、手入れもされず〝死の森〟と化した奥山は、シシの餌となるものはおろか、生命の鼓動すら消えてしまった。

　だから、ただ生きようとする本能にしたがって、彼らは山を下りてさ迷い、けして安住の地ではないが、里山という命をつなぎ止めることのできる場所を見つけただけなのだ。この構図が理解できない限り、いつまでたっても正しい獣害対策は立てられず、シシと人間との〝一万年戦争〟は終わらない。そもそも、シシの立場からすれば、害獣などと悪者扱いされる謂われはどこにもないのだから……。

「彼らにしてみれば、人間こそとんでもない害獣と映っているはず。もし彼らが言葉をしゃべれたら、人間は即裁判にかけられて、とっくに全員死刑になっていたかも。人類はそれくらい重大な環境負荷をこれまでも、また今もなお、野生動物をはじめとする地球上の生き物に及ぼし続けてきた。人間は共生などという言葉を軽々しく使いますが、人類の歴史の中でかつて一度も、他の生物と共生したことはないんです」

そのとおり、だと思う。この惑星の複雑、かつ精妙な生態系は、生命の維持を可能にする唯一無二の高度なシステムであり、偶然に知恵を獲得した人類のみが、この人知をこえて本源的なシステムに手を加えはじめた。〝禁断の園〟に足を踏み入れてしまったのだ。そして、禁断の木の実を腹一杯食べた結果として、産業革命の発動を導き、農薬やコンピュータを発明し、宇宙に乗り出し、高度経済成長とやらを現出し、遺伝子組み替えに成功し、今またiPS細胞をつくり出した。それらの代償として、我々はかけ替えのない〝自然〟を終焉へと追い込んだ。ビル・マッキベンはすでに四半世紀も前に、名著『自然の終焉』（河出書房新社刊）の中で、これについての深い考察を展開している。

忘れてはならない重要なことは、自然の終焉が地震のように個人を超越した出来事ではないということである。それはわれわれ人間が意識的に、あるいは無意識に行なった一連の選択によってもたらされたものである。われわれは自然な大気を破壊し、自然な気候を、森の自然な境界を、あるいはその他もろもろの自然なものを次々に破壊したのである。そうすることによって、われわれはかつて神のものと考えられていたような力を誇示したのである（われわれは遺伝子操作によって生命に手を加えさえしている）。

平成十九年の二月に、はじめて片桐に会って言葉を交わしたとき、私が瞬間的に思い浮かべたのがビル・マッキベンのことであり、彼の著作である『自然の終焉』のストーリーであった。ビルが『自然の終焉』を書いたのは一九八九年のこと。そのとき彼は、まだ弱冠二十八歳の気鋭の科学ジャーナリストだった。それ以前、ビルはハーヴァード卒業と同時に「ニューヨーカー」誌のスタッフ・ライターに迎えられ、新人ながら環境問題をテーマとして、署名原稿を書くポストを手に入れる。編集長じきじきの指名、そして抜擢だった。

しかし、ビルのマンハッタン暮らしは長くは続かなかった。彼はジャーナリストであれば誰もがうらやむ、「ニューヨーカー」誌の専属ライターの地位を惜しげもなく捨て去り、華やかな都会生活を切りあげて、アディロンダック（ニューヨーク州北部の山岳地帯）の山奥に転居してしまう。隠遁とも呼べる生き方をみずからに課したのだった。人里離れた山中で妻とふたりで送るつましい生活では、子どもはつくらず、極力自然に負荷を与えない、思索と執筆の日々に徹している。そうした暮らしの中から紡ぎ出されたのが、ほかでもない『自然の終焉』だった。

前掲の一節の続きに、ビルはこう書く。

人間は種として、自分で思っていた以上に強く——はるかに強く——なった。ある意味で、われわれは神と対等——あるいは、少なくともその挑戦者——になり、神の創造物を破壊する力をもつようになった。もちろん、このような考えが育まれてきたのは近年のことである。「われわれは、自分を創造物の中の小さな存在と見なすことがますますできなくなっている。それは一つには、われわれが神の創造を統計学的に理解できると思っているからだが、自分自身が機械的創造を行う創造主になったからでもあり、この創造によって、われわれは自分を非常に大きな存在と感じるようになったのである」と、エッセイストのウェンデル・ベリーは書いている。「結局、人はなぜ山に興奮するのだろうか？　高層ビルの屋上からだって同じくらい遠くが見渡せ、飛行機に乗ればもっと遠くまで、宇宙船ならさらに遠くまで見えるのに」。しかも明らかに、原子力兵器の出現によって、われわれが神のような力を行使できる可能性が生じたのである。

片桐が「人間は共生できない生き物」と規定するその背景を、ビルはじつに巧みに描いて見せる。

まず人類は近年になって、神と対等か、あるいは少なくともその挑戦者になったかのような気分（錯覚？）をもつようになった。ウェンデル・ベリーの「われわれ（人類）が神の創造を統計学的に理解できると思っているからだ」という分析は、何とも鮮やかで、身につまされはしまいか。その上、機械的創造を行なう創造主になってしまったものだから、人類は別格の存在だという思いがいよいよ募ってきた。そして、原子力兵器の発明が、そうした人類の思い上がりを決定的なものにしたのだ、と。

だが、人間は核兵器の意味するところを認識し、それから身を引きはじめたように見える——と、ビルは記す。同時に、「このような制御行動は先例がない」とも語っている。四半世紀前、我々の核兵器に対する態度を、ビルはこう代弁していた。だが、福島第一原発の未曾有の大事故を経験した今、原子力に関し兵器だけ制御できれば安心という儚い安全神話は、見事に崩れ去った。

核兵器の使用に対しては一定の歯止めをかけた人類も、自然の破壊にはじつに無頓着だった。ビルは続けて記す。

だが、われわれの手あたり次第な自然の改変には、そのような手加減は認められない。そして、両親に挑戦してそれに成功するには、自分のアイデンティティーがゆさぶられるのを覚悟しなければならないのと同様に、これも同じことに違いない。バリー・ロペスの報告によれば、ユピク・エスキモーは白人を、「『自然を変える人びと』と見なして、不信の」目を向ける。自然の改変が、われわれの見出したものに小さな修正を加えること——川にダムをつくるような——にとどまるかぎり、哲学的な問題はあまり生じない（川がとくに美しい場合には多少の問題は生じるが、それもたいていは決定的な問題とはならない）。しかし、自然の改変がすべてを変えることを意味する場合は、危機が訪れる。われわれは現在、否応なく責任を負わされているのである。われわれは種であるとともに神でもあるのだ——われわれの勢力範囲であるこの地球上では。

自然を変える人々に対して不信の目を向ける希有な存在として、ビルはユピク・エスキモーを例に挙げているが、今やそうした正常な感覚をそなえた集団あるいは個人は、いよいよ絶望的なほどに少数派となってしまった。いつの間にか、自然の改変は人類の当然の権利となっていたのである。そんなことを知る由もないシシたちが、奥山から里山に追い立てられ、いつの間にか悪者に仕立てられたのも、またしぜんな成り行きだった。野生獣の序列から言えば、この日本の国土ではシシはクマの次ぐらいにランクされる〝強者〟だが、神である人間様の前では、しょせん害獣のレッテルを貼られるのが関の山なのである。

ビルの思索的な言説は、私のもっとも愛するところだが、ここに偶然述べられているダムについての見解は明らかに誤っており、けして看過するわけにはいかない。現役の川漁師である片桐にとっては、なおさら見過ごせないだろう。川にダムを建設することが、ビルが言うように、果たして〝小さな修正〟で済ませられるだろうか。川が特に美しいか、美しくないかは別として、ダムはその水系全体に多少の問題どころか、決定的かつ取り返しのつかないダメージを与える。その点は、拙著『ラストハンター』で細かくふれておいたので、再読してほしい。本音を言えば、ビルにこそ拙著の一読をすすめたいほどだ。

『自然の終焉』が出版されたのは一九八九年のことだが、その五年後（九四年）にはブルガリアで開催された「国際灌漑排水会議」の席上で、アメリカの開墾局総裁ダニエル・ビアードが「アメリカにおけるダム開発の時代は終わった」と、歴史に残る宣言をしている。会議に先立つ五年前の出版とはいえ、時代の動きに鋭敏であるはずのビルが、ダム開発に対してこの程度の認識しかもち得なかったということが、私にはにわかには信じ難いのだ。ダムは川にとって、断じて〝小さな修正〟どころの騒ぎではなく、水系の機能を根底から奪う暴挙にほかならない。

それはともかく、これに続くビルの神概念の吐露は、何とも刺激的で、示唆に富む。「われわれ（人間）は種であるとともに神でもあるのだ」のあとに続くパラグラフだ。

しかも、本当の神はわれわれを制止していない。可能性としては――神のように永遠で神聖な存在があれば――少なくとも次のようなことが考えられる。一つは、神がわれわれの所業を宿命として完全に是認する可能性。もう一つは、神は是認しないが、自らの弱さのためか、あるいは人間をつくったとき自由意思を与えたために、何もすることができないという可能性。第三は、神が無関心であるか、不在であるか、あるいは死んでいるという可能性。（傍点筆者）

（人間神に対する）本当の神はわれわれを制止していない、というくだりに、ビルの環境問題における基本的スタンスがよく表れている。けして神に過度の期待はかけていない。それどころか、神が人間の〝暴走〟を制止しない三つの可能性から判断すると、いかにもニヒリスティックなポジションにいることが分かろう。片や、片桐の環境問題に対するスタンスや神概念も、ビルのそれにとても近いものを感じるが、にもかかわらず両者の間には埋めることのできない隔たりがあるように思えてならない。

それはたぶん、次のような立場の違いからきているものと思われる。科学ジャーナリストであれば純粋にニヒリズムを貫き通すことができるが、現業者である片桐はそれだけでは生活が成り立たず、一家を路頭に迷わせることになりかねない。ビルのように単純にニヒリズムに殉じれば済む（ちょっと言いすぎ？）問題ではなく、片桐はそれでもなおわずかな希望をもって、冷厳な現実に立ち向かわざるを得ない運命を背負っているのだ。自然環境を少しでも長持ちさせ、シシには少しでも長く生き延びてもらわないと困るのである。

人間精神の荒廃によるウツ替え

さて、この章の最後に、ウツにまつわるエピソードをひとつ、ふたつ、つけ加えておきたい。シシは緊急の避難時には生活ウツではなく、逃げウツを利用することはすでに述べたが、緊急時以外でもウツ替えをするケースがあるらしい。それはどんなときかといえば、仲間が罠猟師の仕掛けた罠にかかり、それから逃れようとして大暴れをし、その場所がひどく荒れたとする。かかったシシの大きさ（年齢）にもよるが、いったん括り罠（弁当箱）にシシがとらえられると、そこ（地面）には思いも寄らないほど大きな〝穴〟が出現する。

ときに、地中深く掘られた穴は、みずからの体がスッポリ隠れてしまうほどの容積になる。いかにシシが必死に罠（ワイヤー）から逃れようともがいたか、その巨大なホールがシシの心理状態を如実に物語る。唯一、シシがこの絶体絶命の境遇から逃れられるのは、偶然が味方して、みずからの足首が切れたときのみだ。

「穴ができた場所で、仲間が人間にとらわれたなんてことは、彼らは夢にも気付かない。彼らがこの場所を避けて新しいウツのルートを設けようとする（つまりウツ替え）のは、人間や罠を恐れてのことではないですね。もっと単純に、毎日通い慣れていたウツがひどく荒れて、それに嫌気がさしただけなんです」

片桐の、いかにも手練（てだれ）の罠師らしい説明である。この荒れた罠場の状況を人間の目線で見てしまうと、ついそこに感情が入ってしまい、ここを通りかかるシシはきっと仲間が捕獲された経緯を瞬時に理解し、いよいよ人間を警戒するだろうと考え勝ちだ。獣（シシ）にはそこまでの判断力はない。巨大な穴を目の当たりにして、それが罠にかかった仲間の必死の行動によってできたものかも、じつは判断できないのである。仮に、周辺にシシの臭いが充満していたとしても、異変の意味までは認識できないはずだ。

その理由は分からないまでも、これまで何不満なく使っていた生活ウツに、ある日突然大穴ができ、途端に歩きにくくなったことが不愉快なのである。前にも書いたが、生活ウツはシシにとって、餌場に通うもっとも便利で卑近な道であり、歩き易さを第一に考えてコース取りされている。最初から歩きにくい大穴をわざわざ組み込みこんで、大事な生活ウツをルート設計する暢気なシシなど、どこにもいないのである。

よく目にするウツ替えのもうひとつのケースは、ウツのルートが風倒木や間伐材で塞がれた場合だ。そのほとんどは、人間の手により植林された針葉樹の山でおこる。もともと根の張りが極端に弱い針葉樹は、少しの風でも容易に倒れる。栄養繁殖（挿し木）で育てられた苗を使うために、なおさら根張りは貧弱になる。そこにもってきて、近年の異常気象による低気圧や台風の大型化もあり、今や強風による針葉樹の倒木は日常化している。

こうした風倒木の由々しき現状をさらに助長しているのが、山の所有者の無節操な造林に対する姿勢だ。つまり、苗に対する補助が出るという理由だけで、針葉樹の植林に耐えられる山か否かさえ見極めることなく、無神経にスギやヒノキを植えて、平然としている。急勾配の斜面や地滑り地帯での植林はタブー中のタブーのはずなのに、どの地方でも無頓着に針葉樹が植え続けられている。水道（みずみち）を無視した林道や作業道の開削が、斜面の崩落にいっそう拍車をかける。最近、全国で頻発している山の〝深層崩壊〟も、針葉樹の植林の仕方にその一因があることは明らかだ。

風倒木多発の誘因は、何も針葉樹の根張りの弱さや強風だけに帰せられてはならない。山が荒れはじめたそもそもの原因は、輸入材におされて国産材の利用が急激に減り、結果として造林地が手入れもされず放棄されたことにある。間伐を施されない山は、日照が樹冠で遮られることで、まず下草が消え、それらの根方でギリギリ踏みとどまっていた表土が一気に滑り落ちてしまう。丸裸になった岩盤では、もとより根張りが弱い針葉樹が強風に耐えて倒れないでいられる理由は、どこにもない。

だが、こうした悪循環はさらなる悪循環を生む。風倒木を恐れる山主は、山の管理という本来の目的のためではなく、その場しのぎの間伐という手に打って出る。いわゆる〝捨て間伐〟（捨て伐り）であり、最初からその処理をどうするかなどといったことは、まったく眼中にはない。伐ったその場に放置するだけである。こうした身勝手な行為が、やがて集中豪雨や台風襲来の際に、いかに甚大な災害を周辺にもたらすか、あえて説明する必要はないだろう。片桐の罠猟に同行して、天竜から引佐にかけての里山を一日歩くと、見るも無残な風倒木の山、また捨て間伐の山のオンパレードだ。痛々しいまでの山の荒廃の背後に、救いようのない人間精神のデカダンスが透けて見える。ビルの言うように、神は〝不在〟であるに違いない。

「風倒木や捨て伐りでおこる山の環境の変化は、シシが暴れてできる〝穴〟などとは比較にならないほど大きな影響を及ぼします。穴の場合なら、最低限のコース変更で済みますが、風倒木や捨て切りで斜面広くウツが遮断されると、彼らは根本的なウツのルート変更を余儀なくさせられる。山を替える必要が出てくるわけですから……」

今や、風倒木や捨て伐りは全国どこでも見られる日常的風景だが、その陰でギリギリの生を紡いでいる野生動物たちは、人間からは想像のつかない多大な迷惑を被っているのである。ルート上に忽然と穴が出現するのとは異なり、完璧に、それも幾重にも道（ウツ）が塞がれたのを知ったときのシシの驚きは、いかばかりのものだろうか。「穴を発見したときよりもはるかに深く傷つき、嫌気がさすでしょうね」とは、片桐の見立てである。餌場に通うための大切なウツがある日突然寸断されるのだから、シシでなくたって「やってられない」と憂鬱な気分になるのも、無理からぬことなのだ。

ウツとは別に、片桐がしばしば使う言葉に〝ウツリ〟（移り？）がある。最初のころは、猟に同行しているときにふっと聞くこの単語が、何を意味するものか、皆目見当がつかなかった。片桐がこの言葉を使うときには、「いいウツリだ」とか、「このウツリは危ない」といった表現になる。いずれもジムニーで林道や車幅いっぱいていどの狭い山道を徐行しているときに発せられる言葉でもあり、ウツに絡む言い回しであることは、容易に想像できた。

最終的に確認して分かったことは、ウツを横切る形で林道等が造成され

た場合、ウツはおのずとその人為的な介入により分断されてしまう。しかし、風倒木や捨て間伐で完全にウツが遮断されるケースとは違い、新設された道路は障害物には変わりはないが、数メートルの道幅を挟んで両側のウツを結べば、ウツの連絡だけは復活する。要は、新道の造成により途切れたウツを、道路上で結ぶラインのことをウツリと呼ぶのである。

「だから、ウツリは人間がつくり出したものなんです。人間がそこに道路を引かなければ、ウツリができる道理はなかった。風倒木でウツが完全に塞がれるのとは異なり、新しい道路は山に異質な空間をもち込み

捨て伐りにされて放置された杉丸太の群れ。
これが犯罪でなくて、いったい何だろう

ながらも、ウツリでウツの両端を繋げば、ウツの連絡は何とか道路上に保たれるわけです。野生動物にとっては、けして歓迎すべき自然の改変ではないのですが……」

ひと口に林道・作業道といっても、その造成の仕方は千差万別だ。道幅の広さ、舗装か未舗装か、また側溝を付帯させたつくりかどうかなど、まさに多種多様なレベルがある。道幅が広く、しかも舗装された林道であれば、そこに引かれるウツリが単に長くなるだけでなく、当該の林道を利用する車の数もおのずと多くなり、その分、野生動物にとってはウツリを横断する際の危険性が増すことを意味する。片桐が「このウツリは危ない」と表現したときには、こうしたあらゆる可能性を踏まえた上での判断なのである。野生動物にしてみれば、突然現れた異質の空間（林道）もさることながら、蹄（ひづめ）に優しくないアスファルト舗装の感触にも、これまでに覚えのない違和感を感じとるに違いない。

一方、開削された林道の規模が小さく、しかもアスファルトなどの人工的な処置が施されない場合、シシをはじめとする野生動物に及ぼす影響は、比較的軽微なもので済む。というよりも、こうした場所にできるウツリは、野生動物にとってもウツとほとんど変わらない印象で受けとられているのではないか。林間のウツを徘徊しているときよりも多少緊張はするが、その横断にさほど気を使わないウツリは、ウツの一部分のような感覚で捉えられているのかもしれない。

だから、片桐が「いいウツリだ」という言葉を発するのは、決まってこのようなロケーションにあるウツリを見つけたときなのだ。そこには、土道（林道）に深くシシみずからの足跡が刻まれ、駆けのぼる法面にもくっきりと、力強い足跡が印されている。だが、片桐が「いいウツリ」と言うときには、相反するふたつの思いがそこに込められている。ひとつは、「よくぞ元気で生きていてくれた」という、ライバルであるシシに対する素直なエール。片や、「このウツリに出没する元気なシシを、いずれ自分の罠でかならず仕留めてみせる」という強い意欲（闘争心）の表出。

ここに現れた両極とも思える感情表現は、猟師の本性を端的に物語るものであり、私はいやが上にも宮沢賢治の『なめとこ山の熊』の結末を思いおこすのである。そこでは、主人公である小十郎（クマ撃ちの猟師）の狩猟観として、「必要に迫られてクマを殺してはいても、けして彼らを憎んではいなかった」という筆者（賢治）の解説が加えられている。この解説はまさに片桐の狩猟にもそのまま当てはまるものであり、生業としての猟は文字どおり必要（生活）に迫られての行為であって、片桐も小十郎と同様、シシに対してはいっさい恨み、憎しみなどは感じていないのだ。

ここに狩猟の原点があり、遊魚ならぬ遊猟（ハンティング）の横行でこの原点が忘れ去られたところに、近代狩猟の行き詰まりと限界が立ち現れたのである。いずれあとの項で片桐がそうした問題の核心を指摘してくれるはずなので、ここではこれ以上は踏み込まない。本来の意味での狩猟においては、害獣といった存在はあり得なく、猟師と野生動物との関係性の中でその（狩猟）意義を語るべきなのである。しかし、過度に人間がみずからの棲息域を広げてしまった現代においては、両者の間の関係はもはや均衡からはほど遠いものになっており、その点からも狩猟を正面から語ることがいよいよ難しくなっている。

82キロの雄ジシは、まさに生ける爆弾。４ミリのワイヤーが何とも心細く感じられた

三章

「シシは人恋しくて仕方がない」

足括りの罠にシシの鼻がかかる？

年が明けて（平成二十五年）、片桐に最初に同行したのは一月九日のことだった。その前日の夕刻に二俣入りした私は、竹染の解体場をのぞいて度肝を抜かれた。毎日のように捕獲物のある片桐の罠猟では、解体場には常に一〜二頭の獲物がロープで逆さ吊りにされている。生け捕りにして解体場に運ばれてきた獲物は、その日のうちに失血死（屠殺）させられ、腹を割いて（腹掻き）内臓だけは取り除かれる。この日も、九十キロ級の大物が内臓を除かれて、解体場の中央に吊るされていた。

次の瞬間、私は「エーッ！」と叫んだまま、あとの言葉が続かなかった。私が驚いたのは獲物の大きさはともかく、その色だった。毛色がふだんの焦茶や黒ではなく、限りなく白に近いグレーであったからだ。そんな私の動揺を察してか、すかさず片桐の説明が入る。「アルビノ（白変種／白子）ですね。多い年には、一シーズンに二〜三頭とれることがあります」との由。私はここ四〜五年の間に、数十回も片桐の猟に同行してきたが、アルビノの実物に出遭ったのは、これが正真正銘最初のことだった。生きているアルビノに見えることができなかったのは残念でならないが、はじめて目にしたアルビノがこれほどの大物であったのは、そこに私は何やら因縁めいたものを感じてしまうのだ。

手前がアルビノ。写真ではわからないが、目は美しいルビー色をしている

逆さ吊りにされたアルビノをしげしげと眺めていると、ふつうのシシにはない特徴がいくつか見出される。体毛の全体としてのトーンの違いは明白だが、特に鼻から目にかけての顔の部分と、顎から下、腹の広い部分の毛色はグレーの中間色ではなく、文字どおりの純白だ。さらに、アルビノの特徴がもっともよく出ているのは、眼球の赤さだろう。動物の白子はメラニンの色素を欠いた突然変異体であり、〝赤目〟はその特徴がダイレクトに表出された部位なのである。

外観の違いとは別に、アルビノに生まれついたが故の知られざる苦労もあるようだ。

「一般に、アルビノは弱い個体が多いですね。色素だけでなく、突然変異の際に何かが抜け落ちる、といったことがおきているのでしょうか。アルビノの白さは仲間からも見抜かれているようで、いじめに遭う頻度もふつうのシシよりは多い気がします。人（猟師）によっては、アルビノの肉は一般のシシよりも旨いと評しますが、ボクにはそこまではっきりとした評価は下せません」

片桐のアルビノに対する見解だ。ところで、このアルビノを片親にして生まれる子ども世代には、必ずしもアルビノの子どもが生まれるわけではないらしい。アルビノの子どもが生まれることもあり、また生まれないこともあるという。つまり、アルビノはメンデリズムで言うところの劣性遺伝ではないということであり、あくまでも突然変異の賜物という理解でよさそうだ。このあたりの話になると、門外漢の筆者はまるでチンプンカンプンの状態で、これ以上分け入ることはせず、にわかに遁走を決め込むことをお許し願いたい。

アルビノショックを引きずったまま、翌朝は七時に起床し、今シーズン五度目になる罠猟への同道を敢行。寒中のまっ只中とはいえ、南国・静岡は暖かい。二俣の市街地では氷点下にまで気温が下がることは滅多になく、罠の見回りのために巡る天竜から引佐にかけての里山でも、そのルート上で積雪を目にすることは、滅多にない。雪国と比べれば、暖地のメリットはけして小さくはないが、それは野生動物にとっても同様の好条件となり、奥山が針葉樹の植林で埋め尽くされた今、彼らは競うように食糧豊富な里山目指して下りてくる。

この日も、私は竹染の客間で目覚めたときから、猟果がありそうな予感がしていた。だが、仕掛けた罠のほぼ半数を回り終えた時点までは、シシはおろか、キツネやタヌキの外道さえかからなかった。不安な気持がもたげかかったとき、片桐の携帯が突然受信のメロディを高らかに鳴り響かせた。猟仲間の伊藤純一からのコールだった。鉄砲のグループ猟から罠による単独猟に切り替えて以来、片桐の狩猟は孤高の営みにもたとえられる、ストイックなまでの猟法に高められてきた。その分、極度のストレスと緊張感の代償を強いられたであろうことは、想像に難くない。

伊藤との出遭いは二シーズン前のことであったらしい。偶然に、東久留女木で罠場回りをしていた伊藤と出遭い、どちらからともなく話しかけ、その場で意気投合したのだという。片桐からは、「ここ五〜十年ぐらいの間に、急に罠をやる人間がふえてきた」と聞かされていたが、伊藤もそうした新参の罠猟師のひとりということだろう。伊藤は鉄砲さえ携行しない罠専門の猟師だが、片桐との決定的な違いは、その罠猟に餌を使う点である。伊藤は片桐の存在を前々から知っていたといい、「邦さん（片桐のこと）の存在は、ここらでは有名でしたから……」と、片桐と知己になれた幸運を素直に喜んでいるようだ。

片桐にしても、長い年月、孤独な作業を続けてきた身として、久しぶりに猟を通して肝胆相照らす仲となった後輩（片桐のほうが七歳ほど年長）が出現して、うれしくないはずがないのである。そんな可愛い弟分からの呼び出しは、罠がシシの鼻にかかり、始末におえないので助けにきてほしい、という援軍要請だった。片桐は苦笑しつつも、「分かった、分かった」と今すぐ手助けに向かう由、携帯に快活に伝えている。今回、私はアルビノを見たのもはじめての経験なら、罠（のワイヤー）がシシの鼻をとらえたと聞くのも、同様にまったくの初耳だった。

現場に向けてジムニーを急行させつつ、片桐がシシの鼻をとらえた罠の状況を、懇切に説明してくれる。

「餌を使う罠場では、ちょくちょく見られる光景なんです。地面に置かれた餌の匂いを嗅ぎ回っているうちに、シシの鼻が誤って弁当箱（罠）を押さえ、ワイヤーに鼻がとらえられてしまう。本来なら、足が先に罠にかかり、次に鼻取りで押さえ込むという手順を、きょうは逆に行う必要がありそうです」

難しい状況であるにもかかわらず、運転席の片桐は微塵も動揺を見せない。伊藤の罠にシシがかかった現場は、片桐が電話を受けた西久留女木の集落から車で二十分ほどの、古久蔵集落裏手の林間だった。渋川地区の南端に位置する十戸ほどの小集落で、伊藤は狩猟シーズンに入って以来、この古老のひとりから頻繁に出没するシシを何とかしてほしい、と相談をもち掛けられていたのだ

という。
　集落のもっとも奥まったところにある民家の裏庭で、伊藤は不安げに片桐を待ち構えていた。古久蔵の山はかつて片桐も罠を仕掛けたことがあるらしく、片桐はなつかしそうに小さな谷を見渡した。伊藤に導かれて裏山を登っていくと、三十メートルと歩かない場所で、大きなシシが身をかがめてこちらをうかがっている。六十キロは優にありそうだ。片桐は即座に「オスですね」と、私に伝えてくれる。
　次の瞬間、その片桐の表情に緊張が走るのを、私は見逃さなかった。シシの鼻をとらえているワイヤーが鼻（つまり上顎）の奥までしっかり食い込んでおらず、いつ外れてもおかしくない状態なのである。しかも、ワイヤーは下顎をとらえていない。足首が罠に深く食い込んで作動した場合とは異なり、反射的に身（顔）をかわす動作の中で、

鼻の先端に辛うじて引っ掛かっているワイヤーが見えるだろうか。しかも下顎を外している

ワイヤーに浅く鼻をとらえられた状況は、まったく別次元のものと考える必要がある。それほど危険な状況ということだ。

さらに、シシがみずからの足首を切って逃げる事態がつねに考えられるように、ワイヤーで鼻がちぎれるケースも同様に充分考えうるのである。私は正直、シシの鼻にかかったワイヤーが外れるか、またはシシの鼻がちぎれる可能性は五分五分ていどあると勝手に判断し、覚悟を決めた。といっても、もしワイヤーが外れてシシが私に向かって突進してきたら、右か左のどちらかに身をかわすていどの、軽々しい決意であったのだが……。悪いことに、伊藤が使っているワイヤーが四ミリであることを、この期に及んで知らされた。これではまさしく、絶体絶命ということになりはしまいか。

しかし、当の片桐はこれらのことすべてを承知

何とかシシの鼻はちぎれることなく、ワイヤーも外れることなく無事捕獲に成功

の上で、おもむろにシシの捕獲に取りかかりはじめた。すると、鼻をワイヤーにとらえられたシシはすっくと立ち上がり、後退りしつつ突進の構えを見せつける。六十キロ超のシシがこのポーズをとったときの迫力はたとえようがなく、心底恐怖心で体が固まってしまう。仮にワイヤーが切れて突進を受けたら、身をかわす暇もなく、易々と牙の餌食になってしまうことだろう。イメージでは身をかわすことができても、現実にそれ（シシの突進）がおきたら、とても思い通りの行動はとれそうもない。生身のシシを目の前にすると、つくづく己が無力を悟るのである。

片桐はジムニーの中で説明してくれたとおり、いつもとは逆の手順（足首↓鼻ではなく鼻↓足首）であっさりとシシを組み伏せる。しかし、その間にも鼻にかかったワイヤーは、今しも外れる寸前の状態で推移した。たとえ外れたとしても不思議はなく、これを単なる幸運ととらえるべきか、私は迷った。だが、わざわざ危険を冒すはずのない名人片桐のとった行動であるだけに、本人は最初から鼻のワイヤーは持ちこたえるものと、踏んでいたに違いない。そう、私が気を揉む必要は、どこにもなかったのかもしれない。

〝絶体絶命〟のケースに遭遇して

同じような恐怖心を味わったケースが、今シーズンにもう一度あった。そのときもやはり伊藤からの救援要請で、大物すぎてとてもひとりでは対応できない、との内容。一瞬、片桐は「またか」

という表情は見せたものの、けして無下に聞き流そうとする素振りではない。それどころか、苦笑混じりの顔はいかにもうれしそうだ。たしか、このときも渋川あたりで罠回りをしている最中で、片桐はこれをあっさり中断する。携帯で確認した捕獲の現場に急いだ。「今回は少し遠いですよ」という片桐の言葉どおり、渋川から南下して国道二五七号に出たあとも、井伊谷(いいのや)川沿いに南進は続いた。

引佐支所（浜松市北区）を過ぎてほどなく、市街地の中心とも思える交差点（金指）で右折。そこから西の丘陵地に向かってジムニーを進めると、オシャレな建物が並ぶ新興住宅地が現れ、その背後の緩斜面が〝現場〟だった。金指の横尾という地区に当たり、私の昔の記憶では最寄りの場所に小堀遠州作の名園で知られる龍潭(りょうたん)寺があったはずだ。後年、彦根に移るまでこの地を領した井伊家の菩提寺であった寺で、井伊氏ゆかりの品々を寺宝として保存している。ちなみに、井伊氏の氏名は井伊谷の地名からとられている。

それはさておき、山裾で待機していた伊藤の表情が、前回にも増してこわばっている。かなりの大物であることが、その慌て振りから想像できる。廃田となった斜面はスギの疎林となっており、そこに踏み込んで二十メートルと登らない矢先に、荒々しい鼻息が左手から降ってきた。伊藤のひるむ気持が即座に納得できるほど、その獲物の存在感は圧倒的だった。丸々と太っている上に、黒光りする毛艶がいっそうの精気と、底なしの力を感じさせた。いつものように、「八十キロ超(ちょう)のオスですね」という片桐の説明が入る。私はその豊かな肉付きから、ひょっとすると九十キロをオーバーしているかもと推量したが、事後の体重測定で八十二キロと判明。〝狩猟の神様〟の判断に過誤はないのである。

たしかに、このときの捕獲劇の際に見せた片桐の緊張感は、かつて私が見た中で筆頭にランクされるものだった。四ミリのワイヤー、元気なオス、八十キロ超えの体重……これらすべての条件が、片桐に強烈なストレスを強いたに違いない。私は常々片桐から四ミリのワイヤーの限界と危険性を聞かされていたし、事実その判断の上に、片桐はみずから罠に使うワイヤーの太さを四ミリから五ミリに変更した経験をもつ。だから、目の前の状況を瞬時に読みとった片桐は、その危険性を重々認識したはずなのだ。たぶん、今回ばかりはワイヤーがもたないかもしれない、と悟ったに違いない。

つまり、片桐は身を危険にさらしても、後輩の要請に応える選択肢をえらんだのである。片桐らしいといえばそれまでだが、敢えて片桐がこうした危険な賭に打って出た裏には、素人には想像も及ばないプロの罠師としての矜持があったのではないか。その矜持とは、「オレならこの場面を見事切り抜けてみせる」という思いがひとつ。その思いを腑分けすれば、「仮にワイヤーが切れても、オレなら次の手を打って、あわよくばコイツを捕獲してやる」という強い意志が、見え隠れする。

もうひとつの矜持は、「最善を尽くした結果が、万が一コイツの餌食になったところで、それはそれで本望ではないか」という思いだ。これはあくまで私見であり、片桐に「そんなこと、思ってもいませんよ」と、笑い飛ばされるかもしれない。だが私は何も、思い付きで片桐の心の内を推し量ったのではない。クマとシシではまったく状況は違うが、『なめとこ山のクマ』の小十郎は、巨大なクマに襲われて事切れる際、「熊ども、ゆるせよ」という叫びを残した。私には猟師と熊（野生動物）との関係性が、この言葉に象徴的に現れていると思えてならないのだ。

もちろん、私は片桐がシシに襲われて息絶える場面なぞ、まったく想定していない。私が言いたいことは、万が一片桐がシシに襲われて傷ついたところで、本人はけしてシシに対して恨み言を発することはないであろう、と確信している点だ。日ごろ、その命を頂くことで育んでいるみずからの〝生〟（暮らし）であれば、仮に折悪しくシシに傷つけられたとしても、どうして彼らに唾するような真似ができるだろう。「シシども、ゆるせよ」と言わないまでも、片桐は冷静に現実を受け止め、動じることはないはずだ。それがプロの罠師としての矜持であり、彼らの本能と言ってもいいかもしれない。こうした心構えが常にできているからこそ、絶体絶命の場面でも、片桐は平然と立ち向かっていくのである。

そんな心構えがつゆほどもできていない私は、四ミリのワイヤーがどうあっても切れないよう、ひたすら祈るばかりだった。定石どおり、鼻取りをもった片桐は斜面の上方からシシへの接近を試みる。しかし、シシと片桐との間には深く掘れた溝（枯れ沢）が横たわっていて、ここにシシが落ちでもしたら、その体重で間違いなくワイヤーが切れるか、あるいはシシの足首が切断されるはずなのだ。

鼻取りがシシの鼻をとらえるのと、シシが溝にずり落ちるのが同時だった。しかも、ワイヤー

枯れ沢を隔てた獲物の鼻を鼻取りがとらえる瞬間。足のワイヤーは奇跡的にもちこたえた

生け捕りがいかに勇気と体力を
要求するものか、このシーンが
雄弁に物語っている

は切れることなく、持ちこたえた。獲物の大きさを考えて、片桐は前回東久留女木の山で見せたように、ワイヤーの支点を三つつくり、安全をはかった。

伊藤の軽トラックを停めてある林道までは三十メートルとなかったが、ふたりは息を切らしてそこまでシシを運び出した。近くの畑で作業をしていた老人が、何事がおきたのかと近づいてきた。荒い息を吐く黒い塊（シシ）を見た瞬間、老人は絶句して、身構えた。一瞬、ワイヤーがほどけたら大変、と思ったに違いない。誰だって、このサイズの生きたシシを見れば、心穏やかには振舞えないだろう。軽トラの荷台にシシがおさまったのを見届けたところで、老人は「町の真ん中で、こんなデカいやつがとれるとは」と、ショックを隠せない様子だ。

巨大なシシを見て絶句する老人。無理もない、新興住宅地の住民の声が届く場所なのだから

老人の驚愕は無理からぬ反応だが、これが紛れもない現実なのである。巨大なシシがおさまる軽トラの下方五十メートルのところには、平和と繁栄の象徴である新興住宅地があり、しかも住民の誰ひとりとして、指呼の間の裏山でシシが追い詰められた生を営んでいるとは、いっこうに気付かない。

じっさい、伊藤に案内されて罠場の近辺を一周すると、いくつものシシのネドコ（ネヤ）が確認できた。つまり、彼らはウツを利用してどこかから通ってくるのではなくて、人間がつくった餌場のすぐ近くに棲みついて、もっとも楽な生き方を選んでいたのである。改めて、「餌を使ったらシシが家畜になっちゃう」という片桐の言い分が、よく理解できるのだった。

これは古久蔵で捕らえられた獲物。目隠しが外されている

「人間は自然を怒らせてしまった」

猟師が餌を使うまでもなく、里山に下りてきたシシが畑の作物の味を覚えた時点で、彼らはすでに家畜になったのではなかったか。もはやこの惑星には、純粋な意味で野生動物は存在し得なくなった。傍若無人に振舞う人間のお裾分けにあずからない限り、彼らの生は何とも覚束ないものになってしまったのだ。あるとき、片桐が「シシは人恋しくてしかたがないんです」と言うのを聞いて、一瞬、私は彼が言わんとするところを推し量りかねた。改めて説明を乞うと、片桐は丁寧に言葉の真意を語るのだった。

「ボクには、シシたちは食べ物を探す前に、人間を探していると思えてならないんです。人間がいるところに行けば、楽に餌が手に入る。彼らはそう学習してしまったんです。恐ろしい人間に近づく代償として、生存権を手に入れた、と言い替えてもいいかもしれません。彼らがもっとも好むのは、十戸ぐらいの小集落ですね。そのくらいのサイズがいちばん棲みやすいことを、彼らはちゃーんと知っているんです」

ここまで聞いて、私は片桐が〝人恋しい〟という表現を使わざるを得なかった背景が、はっきりと見える気がした。同時に、この別格の狩人の詩的センスに、私は今更ながら舌を巻いたのである。

さて、現実問題として、奥山から野生動物の餌となる食べ物が消えた今、彼らが里山に下りて、人工の食糧（畑の作物）に頼るべくライフスタイルを転換したのは、じつに理にかなったことだった。生きるために積極的にみずから家畜化する道を選んだ、とも言えるのかもしれない。天然の食糧を絶やすことで、野生動物に家畜化の道を選ばせたのはもちろん人間の仕業だが、その結果として畑が荒らされるなどと御託を並べるのは、余りにも身勝手、虫がよすぎると思わないか。

「夕方、畑から人がいなくなるのを待って、こんどは自分たちの出番とばかり、彼らはおもむろに出没する。彼ら畜生には、もとより他人のものを盗むという意識はないんです。地権、利権などというのは人間が勝手につくり出したもので、もし彼らが言葉をしゃべれたら、望むものはただひとつ、生きる権利、つまり人間と同等に地球上で活動する自由を主張するはずです。人間の視点でしかモノを見ない癖ができると、いよいよ物事の本質が見えなくなってしまう」

「彼らには、餌を得る畑が誰々の所有であろうと、まったく関係のないこと。『そこは鈴木さんの山ですよ』と言われても、分かるわけがない。ひょっとすると、『我々シシのもの』と高をくっているかもしれない。もちろん、罪の意識もない。彼らはただ真正直に生きたいだけなんです。海も、山も誰のものでもなく、生きとし生けるものが自由に使えばいいと、達観しているに違いありません。そのとき、いちばんのネック、つまり手に負えない存在と映っているのは、間違いなく人間のはずですね」

体験の積み重ねから醸し出される言葉は、平易ながら、じつに説得力に富む。これなら、年端の行かない子どもでも、人類がいかに手に負えない存在か、立ち所に合点がいくだろう。一方、前にも引用した『自然の終焉』の著者、ビル・マッキベンも、片桐の表現と比べるとだいぶ難解ながら、ほぼ同じ視点からこの惑星の現状を分析している。少し長くなるが、片桐の平易な言葉と重ね合わせながら、ゆっくり読み進んでいただきたい。

人間が世界に対処する方法として科学が宗教に代わりうるという希望は、実は霊感と英知の源としての「自然」が「神」に代わりうるという希望だった。調和、永遠、秩序、およびその秩序の中にあるわれわれの場所という観念——これらすべてを、科学者はヨブのように勤勉に探究し、「生命の網」や腐敗と再生の大循環にいつも注目した。しかし、結局のところ、自然は脆弱だった。人間は自然を怒らせてしまい、その結果、自然はもはや「不変」でも「生命の味方」でもなくなったのである。（傍点筆者）

ちなみに、旧約（聖書）のヨブ記は、富み栄えた正しい人の物語とされている。サタンが神に賭をもちかけて、「ヨブが信心深いのは成功しているからにすぎない、彼を苦しめたらあなたを呪うに違いない」と言った。神はこの賭に応じ、間もなくヨブは町外れの汚れた場所に移り住み、身体は腫れ物で膿だらけになり、子どもは死に、家畜の群れは散り散りになり、財産は失われた。彼（ヨブ）は神を呪うことをしなかったが、神に会って自分の不幸を説明してもらいたいと思った。そして、友人たちのありきたりの説明——彼が無意識に罪をおかし、ために罰せられているのだという——に満足しなかった。人の周囲を取り巻くこの世のすべてのものと、あらゆる結果は、人の行為によって説明されるという彼らの見解に、納得がいかなかったのだ。彼は自分が無垢であることを知っていたのである。

そして、ついに神は到来し、嵐の中から答えた。しかし、深遠な形而上の議論はしないで、自然について、つまり具体的な創造についてしばらく話した。「私が大地を据えたとき、お前はどこにいたのか?」と神は問うた。見事な詩の形で、神はその御業を列挙した。神がみずからの創造に誇りをもっていることは、常に明らかだった。神が「閉じた扇の背後に海を置いたとき、ヨブはそこにいたのか? ヨブはいなかった。したがって、多くの謎を理解することを望めず、なぜ雨が「まだ人のいなかった大地に、無人であった荒野に」降り、「乾ききったところを潤し、青草の芽を萌え出るようしたのか」も、分からなかった。

神が主張しているのは、我々が万物の中心ではなく、人のいないところに雨が降ることを神が喜んでいるということらしい。つまり、神は人のいない場所に充分満足しているということであり、それは我々のもっとも根深い観念からの完全な訣別を意味しているのだ。

さらに、ヨブ記の終わりのほうに、レビヤタンとベヘモットについての記述があるが、このふたつの生き物は神がつくって、みずからコントロールしている。「これは牛のように草を食べる。見よ、腰の力と腹筋の勢いを。尾は杉の皮のようにたわみ……骨は青銅の管、骨組みは鋼鉄の棒を組み合わせたようだ……川が押し流そうとしても、彼は動じない。ヨルダンが口に流れこんでも、ひるまない。まともに捕えたり、罠にかけてその鼻を貫きうるものがあろうか?」。答えは明らかに否である。これは、ヨブの訴えに直接に答えてはいないが、我々はすべてを自分の見地から判断してはいけない、という教訓である。つまり、自然は必ずしも我々が従わせるべきものではない、と言っているのだ。

ついヨブ記から脱線してしまったが、ここ(旧約)で語られていることは、片桐の主張とじつに見事にシンクロしていると感じないだろうか。片桐は、人間の視点からだけでモノを見る危うさに言及したが、ヨブ記の神も「すべてを自分(人間)の見地から判断してはいけない」と教えている。一般に、聖書の教えは移動生活をする人々の「社会志向の神話」で、農耕社会の自然志向の神話と対照的なものととらえられている。だが、ビルは短い一節にいちいち囚われない、聖書を全体として読む広いスタンスの必要性を説く。聖書に踏み込んだついでに、ビルのそのあたりについての見解をチェックしておきたい。

近年、多くの神学者が主張しているところによれば、聖書が求めているのは不用意な(人間による)支配ではなく、注意深い地球の「管理」であって、地球の支配権を人間に与えたあと、神は「そこを耕し、守る」ように指示したという。しかし、本当のところ、聖書にはもっと深い意味がこめられていると私は思う。旧約聖書には該当個所が多いが、とくにヨブ記には自然の土地、すなわち人間の手から自由な自然の保護について書かれたものとしては、史上最も深遠な議論が

ある。この議論は、自然の喪失がわれわれにとって何を意味するかという問題の核心をついている。（傍点筆者）

順番が逆になってしまったが、ビルが言うところのヨブ記における深遠な議論とは、前にそのさわりを述べておいた概要そのものを指す。いずれにしても、ここでビルが伝えたかったことは、これまで我々が理解してきたキリスト教的世界観の再考を促し、とりわけ旧約聖書には人間と自然との関係を考える上で重要なヒントが多々ふくまれている、という事実であったに違いない。

地球を家畜として飼いならす

脱線はこれくらいにして、ビルの自然に対する考察の続きを追ってみよう。自然はもはや「不変」でも「生命の味方」でなくなった――の続きである。

科学者は、自然のさまざまな過程はまだ支配的だと言うかもしれない――いまもオゾンを食いつぶしたり、地球の反射熱を吸収したりしている化学の反応は、いぜんとして有効に働いており、われわれを支配している。そして、一部の物理学者はつねに、原子の間隙や量子論の謎の中に神が存在すると言い、もっと最近は『三人の科学者とその神々』を書いたロバート・ライトのように、ＤＮＡの鎖の継ぎ目やその他の「情報」の断片に神を見出す者もいる。しかし、その数理を本当に理解しているかぎられた者以外のすべての人びとにとって、これは小さな間接的な慰めにすぎず、神秘的で難解な知識である。われわれが教訓を引き出すのは、身近に見、聞き、感じられるものからなのである。問題の自然は、電子やクォークやニュートリノのめくるめく曖昧さなどではない。それらは確かにいつまでも変わらないだろう。自然は、科学者が望遠鏡で見ることができる広大で見なれぬ世界や物理学の概念ではない。問題の自然は気温であり、雨であり、サトウカエデの枝で紅葉する葉であり、ゴミ箱をひっくり返すアライグマなのだ。（傍点筆者）

私は前に、片桐が「希代の観察者」であると書いた。聡い読者なら、それがビル言うところの「われわれが教訓を引き出すのは、身近に見、聞き、感じられるものから」というフレーズと、見事に重なることに気付くだろう。片桐は神秘的で難解な知識はもたず、また自然が科学者でしか覗くことのできない世界でもなく、ましてや物理学の概念でもけしてないことを、体験的に知っている。彼は六十年余りの歳月を、許しがたい開発や破壊を目の当たりにしつつも、天竜の大気とともに生き、雨の日でも山に通い、針葉樹の中に残る雑木の森の美しさを愛で、禁猟期に堂々と市街地に出没するシシを見て、秘かにエールを送るのだった。

われわれはもはや、自分が自分より大きな何ものかの一部だと考えることはできない――煎じつめると、結局はそういうことになる。かつては、それができた。われわれ人間が数億人かあるいは一〇億人ないし二〇億人しかおらず、われわれがいようといまいと大気の組成が変わりない状態だった時代には、ダーウィンの発見さえ、結局は、自分が神の創造の一部だというわれわれの感覚と、その創造の壮大さと豊かさにたいするわれわれの驚きを強めただけだった。〈中略〉われわれはクマと同じだった——われわれはクマより少ししか眠らず、よりすぐれた道具をつくり、より長い時間をかけて子どもをつくったが、自分たちのために神によって、あるいは物理学や化学や生物学によってつくられた世界に、そのことを知って住んだのであり、それはクマが、自分たちを待っている世界に、そのことを知って住んでいるのと同じだったのである。しかし、いまやわれわれはその世界をつくり、そのあらゆる動きに影響を与えている。（傍点筆者）

ここでビルがクマと書いたところにシシを当てはめれば、日ごろ片桐が私に語ってくれることと、見事にオーバーラップする。ビルは狩猟はしないが、前にも述べたようにアディロンダック（ニューヨーク州）の山岳地帯に妻とふたりで住み、子どもはつくらず、極力自然に負荷を与えない暮らしを貫いている。ライフスタイルこそ違え、片桐とビルのふたりは同じ地平から惑星の現在と未来を注意深く、かつ鋭利に見詰めている。間違っても、科学的知見の先に、地球の、そして人類の未来があるなどとは、金輪際考えてはいない。

その（人類による世界制覇）結果、われわれの味方はいなくなった。クマはいまやまったく別種の存在、つまりわれわれの動物園の生きものになり、このつくり変えられたばかりの惑星で自分たちが生存できる道を、人間が考え出せることを願わなければならなくなっている。たとえ下手なやり方だったとはいえ、地球を家畜のように飼いならすことにより、われわれはその上で生きているすべてのものを家畜化したのだった。クマはいまでは、最高の猟犬と同じ地位を多少なりとも確保している。そして、われわれの上には誰もいない。（傍点筆者）

これまで、片桐は私との対話の中で、幾度も「シシの家畜化」という表現を使った。「人恋しいシシ」は、まさに家畜化の完成形、成れの果ての様相と言えるものだ。だが、ビルはさらに広い視野から、人類はすでに地球そのものを家畜化してしまった、と断じている。そして、名実ともにこの惑星の盟主、統治者になったのだ、と。しかし、浅はかな人類は、地球上の他の生き物が人間などとはさらさら同盟を結ぶ気もなく、人間をその盟主などとはなおさら考えていないことに、能天気にもまったく気づいていない。

神ならば他のさまざまなやり方で行動する（あるいはしない）かもしれないが、その神は地球を制御していない。ヨブのときのように、神が「誰が扉で海を閉ざし……それに限界を定めたのか？……誰が天にある水の袋を傾けるのか？」と尋ねたら、われわれはいまや、それは私たちですと答えられる。われわれの行動は海の水位を決め、すべての雨の道筋と目的地を変えるだろう。たぶんこれは、われわれが少なくともエデンからの追放以来目ざしてきた勝利――一部の者がつねに夢見てきた世界支配――なのだろう。（傍点筆者）

こうして、神と人間の立場は見事に逆転した。人間は神に勝利したのである。しかし、神と人間の間には、その勝利の仕方（作法）に決定的な違いがあった。神はけして地球を制御することはなく、片や人間はこれまで、すべてを制御しないと気が済まなかったし、これからも惑星の統治者として制御し続けるに違いない。しかし、とここで、ビルは疑問符を投げかける。

それはミダス王の話の拡大版にすぎない――その力はわれわれが思うほど大きくないのである。それは、狂暴で野卑な力であり、創造的なものではない。われわれはどこかの軍治独裁者のように、世界の上に大股を開いて坐っている――われわれは非常に効果的に暴力をふるえ、あらゆる貴重なものを破壊できるが、本当に最後まで力を行使することはできない。そして、最終的には、その暴力はわれわれ自身を脅かす。（傍点筆者）

私は「それはミダス王の話の拡大版にすぎない」と切り捨てるところに、ビル・マッキベンの面目躍如たる姿勢が感じられてならない。説明するまでもなく、ミダス王はギリシャ神話に出てくる小アジア・フリギアの王。触れるものすべてが黄金になるようにとの願いをもち、それはやがてかなえられる。だが、食べようとするものすべてが黄金に化してしまうので、空腹に耐えかね、ついにはディオニュソス（ギリシャ神話の酒神＝バッカス）に泣きついたことで知られる。

ビルの目から見れば、人間の世界（惑星）制覇の〝手口〟は、ミダス王の生き様の延長線上にあるもので、狂暴で野卑、そして創造的な手法にはほど遠いレベルのものだった、と映っているのである。片桐はビル以上に、こうした人間の狂暴で野卑、しかも創造のカケラもない手法を、文字どおりの現場で嫌というほど見せつけられてきた。それがもっとも具体的に、目に見える形で現れたのが、ダム工事に際しての一部始終であったかもしれない。拙著『ラストハンター』の中で、片桐はこう指摘していた。

「ダムが完成したとしても、川は十年くらいは〝騙（だま）し〟が利くんです。つまり、その間は生態への深刻な影響は見えにくい。秋葉ダム（現浜松市天竜区）のときもまだ下流の船明（ふなぎら）ダム（昭和五十二年完成）ができていなかったこともあって、流域住民や川漁師は暢気に構えていた。それが昭和四十年ごろを境にふっつり魚がのぼってこなくなって、やっとダムで川を塞ぐことの意味に気付くわけです。いやいや、いまだにほとんどの国民がその非に気付いていないからこそ、相も変わらずダムはつくり続けられているのですが……」

自然の、そして生態の何たるかを体で覚えこんできた片桐にしてみれば、大型の公共工事の折に必ず話題になる環境アセスメントのことごとくがまったくの茶番であることは、とうに見抜いてい

る。「現場に立ったこともない御用学者や木っ端役人どもに、どうして、そこの環境や生き物の叫びが理解できますか?」と論難して、はばからない。川のみならず、海洋も、森林も、そして大気（気象）や遺伝子さえ制御し終えた人類は、ビルがいみじくも形容したように、地球の上に大股を開いて座っている。制御といえば聞こえはいいが、それは単なる破壊であり、自殺行為にほかならない。ビルが「最終的には、その暴力はわれわれ自身を脅かす」と書いたのは、まさにその謂なのである。

だが、悲しいことに、学者や役人にダムで川を塞ぐことの意味が分からないと同様、人間は地球の家畜化で最終的にはみずからの首を締めることになるという宿命に、いまだ気付いていない。〝自然〟の反撃はとうにはじまっているのに、大股開きの独裁者は、いまだミダス王よろしく、黄

シシの捕獲場所から船明ダムを望む。加工された川の縁で、家畜化されたシシが生を育む

金集めに血眼になっている。ビルは日本人ジャーナリスト、大谷幸三によるインタビューの中で、次のように語っている。

「ボクは『自然の終焉』のなかでそれ（科学技術による地球の変質）を書いたつもりなんだ。けして地球が間もなく滅びるというつもりはない。明日も太陽は昇るだろうし、風も吹くだろう。雨も降り、我々は生きていくだろうけれども、それは自然ではない、人類によって変質させられた現象だと、ボクは言いたかった」（傍点筆者）

片や片桐は、同様の〝現象〟を目の前で、身をもって見届けてきた。ダムや堤防で加工された途端、川はたちまち水路もしくは用水に成り下がる。同じく山も、広大な斜面を針葉樹で埋め尽くした途端に、生命の循環を許さない不毛の巷と化す。片桐は、植林の山をしばしば人間の欲のためにある〝畑〟と呼ぶが、畑ならまだしも耕される可能性を残しているが、現在の日本の山は文字どおりの〝死体〟、機能停止した死のサイクルでしかない。自然を装ってはいても、じつは自然からもっとも遠い暗黒の世界でしかないのである。ビルの言うとおり、川も山もたしかに自然にはほど遠く、人間に都合よく利用されるだけの〝モノ〟でしかなかったのだ。

集落の中心を堂々と横切るウジ

閑話休題、片桐の猟の現場にもどる。この日（一月九日）は伊藤純一の罠で珍しい捕り物はあったものの、罠回りを半ば終えた現時点で、いまだ片桐の罠には何の音信もない。私は今朝も、たしかに猟果がありそうな予感とともに目覚めたが、きょうばかりは〝空振り〟に終わる覚悟を決めておいたほうがいいのかもしれない。古久蔵からいったん西久留女木にもどり、ふたたび一カ所ずつ罠のチェックをこなしていく。渋川地区の罠をすべて見終わると、残る数は知れたものだ。

先ほどの古久蔵集落の入口をかすめ、城山（六五七メートル）東麓の罠場を巡り、ジムニーは田沢の集落への下り坂に入る。罠場の周回ルートの中でも、このあたりの里山風景はもっとも秀逸で、何度罠回りでたずねても、見飽きるということがない。だが、目と鼻の先に新東名と三信南遠道路が交差する巨大なジャンクションができてしまったため、集落の興趣はだいぶそがれてしまった。片桐と出遭う以前、私は田沢をふくむ旧引佐町西半の山あいの集落を虱つぶしに歩いたことがあるが、当時（四半世紀前）はそこに紛れもない日本の原風景が息づいていたのである。

田沢は高低差のある複雑な地形をした集落で、戸数もかなり多く、私の感覚では過疎とは無縁の集落のように思えた。戸数の多さに加え、各戸が人目の届きやすい人家の配置でもあり、シシにとっては近づきにくい人里ではないかと、私は前々から勝手に思い込んでいた。事実、片桐もここ田沢の周辺では罠を仕掛けたことはなく、この日もジムニーはいつものようにサッと集落を通りすぎるものと思っていた。

しかし、この日は違った。集落のほぼ中央あたりに差し掛かったとき、片桐はジムニーのスピードを緩め、盛んに左側のウインドーの先に視線を送っている。荒れた休耕田を挟んで、三十メート

ルほど隔てた向こう側に雑木の山裾がせり出している。

「一週間ほど前から、道の両側のウツにシシの足跡がはっきり見えるようになって……。近くにいい餌場を見つけたのかもしれません。田沢に仕掛けるのは久しぶりですが、ちょっと気になって二日前に罠をおいてみました」

やはり新設した罠であったのだ。ノロノロと車を進めつつ、片桐はまだその新しく据えた罠の方角に視線を注いでいる。その視線をフロントウインドーにもどし、まさにアクセルを踏むかと思えた瞬間、逆にブレーキをかけ、ジムニーをバックさせた。サイドブレーキを引くと、後席に常に携行している双眼鏡を手にとった。目視（もくし）ではいちおう獲物がかかっていないと判断したものの、まさにその場を離れようとした瞬間に、かすかな異変を嗅ぎとったのだ。

双眼鏡も罠猟には必携のアイテム。高い倍率のものを携行する

「やっぱりかかっているようです。本来なら、罠のすぐ近くまでいって確認しなくてはいけないのですが、道路から離れたところに仕掛けた罠は、そこまで足を運ぶのがつい、ついおっくうになって……。でも、本当にかかっているときは、その場の雰囲気で何となく分かりますね。遠くからでも、生き物の気配が微妙に感じとれるんです」

これを指して、まさに〝動物的〟勘というのだろう。五感の塊のようなシシを向こうに回して、逆にそのかすかな気配を探知してしまうのだから、さぞやシシも呆れていることだろう。片桐の罠猟に何年も同行していると、こうした場面にはしばしば遭遇するが、たいてい今回のケースと同様、片桐の勘の勝利で結着することが多い。ところで、罠猟は鉄砲のチーム猟と比べても、はるかに効率がいい。罠猟は基本的にひとりですべてをこなす単独猟だから、チーム猟のようにとれた獲物を分配する必要がない。それよりも何よりも、罠猟なら一シーズンにシシだけでも百頭前後捕獲できる（名人片桐の場合）のだから、超高効率といえるだろう。鉄砲のチーム猟では、一シーズンに五〜六頭の獲物があれば万々歳とされていることを考えると、罠猟がいかに〝スーパー〟な猟法であるかが分かるだろう。

だが、罠猟にも弱点（?）はある。その唯一ともいっていいウィークポイントは、単独猟ゆえの制約からくるものだ。どういうことかといえば、単独の罠猟の場合、もし獲物が罠にかかった場合、ひとりでその獲物を捕獲場所から車のところまで運び出さなくてはならない。車はたいてい林道か、狭い山道に停められていて、罠場は車からみて上方もしくは下方の斜面にある。生け捕った獲物を上方から蹴落とすならまだしも、下の斜面から運び上げる苦労は並大抵ではない。

もちろん、片桐のジムニーにはそれ用に、フロントのバンパーの位置にウインチが据え付けられているが、巻かれているワイヤーの長さは四十メートルほどしかなく、おのずと使い勝手に限界がある。いずれにしても、捕獲場所からワイヤーが届くポイントまでは、人力で獲物を運搬せざるを得ないのだ。上か下か、どちらの方向からにせよ、ひとりで運び出せるのは最大六十キロ（体重）ていどまでの獲物に限られる。だからこそ、先回（十二月二十日）の捕り物劇では、八十二キロの獲物を斜面の下から運び上げる場面で、片桐は賢明にも滑車を使ったのである。

つまり、単独の罠猟では獲物の捕獲時に、ひとりで運ぶことのできる（獲物の）体重と移動距離に限りがあるため、罠師はふつうそれを充分勘案して、罠の設置場所を決める。だから、林道（車を停められる場所）からとんでもなく離れたポイントに罠を仕掛けることなど、おこり得ない。遠くても、せいぜい四〜五十メートル止まりだ。じっさい、片桐が林道からもっとも離れた場所に罠を設置したときでも、五十メートル以上の間隔をとったことは一度もなかった。捕獲の有無にかかわらず、林道から離れたポイントに罠を据えた場合、毎日の罠回りにおいてもいちいち車を最寄りの場所に停めて、足でひとつひとつチェックする手間は、相当なものになってしまう。斜面を上り下りする労力（体力）も、バカにならない。

こうした経験の積み重ねの中から生まれたアイディアが、電波発信機の利用だった。片桐もふだん、罠の設置場所は獲物の運搬が楽な、林道に極力近いポイントと心得ている。しかし、百パーセント近い確率でシシがかかる絶好のスポットが手近に見出せない場合、致し方なく離れた場所に据えることになる。片桐とて、好き好んで遠くのポイントを選んでいるわけではないのである。すべては、狙った獲物は逃さず捕獲し、大事な店の客に思う存分天然シシ肉を味わってほしいからだ。

片桐の罠猟では、基本的に餌やその他の補助手段に頼らない一対一の真っ向勝負を旨とする。高度の騙し合いとはいえ、神の化身でもあるシシに対峙する以上、それが最低限の礼節と考えているからだ。しかし今回、田沢で期せずしてそのケースに遭遇したが、獲物が罠にかかっているにもかかわらず、つい見過ごすというハプニングは、名人をしてなお起こりうる。そうなった場合、獲物が片桐に発見されるのは早くて翌日、ヘタをすると数日後になる可能性がある。おのずとシシの肉質は落ち、最悪の事態として、罠にかかったまま死んでしまうことすら考えておく必要がある。

だから、機材に頼らない片桐としては珍しく、獲物の見落とし防止のために採用したのが、車上の受信機とセットになった電波発信機だった。たしか、片桐がこれを使いはじめたのは、四年ほど前からであったと思う。仕組みはとてもシンプルで、まずタバコのケースよりもひと回りほど大きいタッパーに発信機を入れ、罠の近くの小径木に吊るす。発信機からは罠のバネの位置にテグス（ナイロン糸）が伸びていて、獲物が罠にかかったと同時にこのテグスがバネの収縮で引っ張られ、その瞬間に発信機が作動する仕掛けになっている。

タッパーの役割は雨除けで、発信機の電源には単Ⅳ電池八本が使われている。けしてハイテクの装置ではない。一方、車に積まれた受信機も薄い四六（版）の単行本ていどの大きさしかなく、これが助手席前のダッシュボードに固定されている。罠回りのときは常に電源をオンにしておき、発信機からの電波を受信するやいなや、なぜか女性（外人？）の声で捕獲した罠のナンバーを叫び立てる。ただし、この装置、せっかく電波の発信があっても、双方の距離や角度でしばしば受信しないことがあり、片桐も百パーセントの信頼はおいていない。それでも、メカ好きの片桐は、オモチャ替わりのこのキットでけっこう楽しんでいる様子だ。

（上）電波発信機をセットする片桐
（下）小径木に吊るされた発信機

話が横道に外れた。車を下り、休耕田を横切って罠に近づくと、案の定、前足を罠にとられた立派なシシが、みずから掘った穴の底に身を潜めていた。五十キロ超のメスだった。片桐の捕獲の手捌きの鮮やかさは今さら言うまでもないが、それとは別に、私は目の前の罠場のロケーションに改めて感心（?）してしまった。正確に言えば、驚愕し、絶句したのである。

そこは、引佐の谷あいでも比較的開けた田沢集落の中心ともいえる場所であり、人家からも容易に見通せる至近距離にウジが引かれている。それはまさに、人間とシシの〝共生風景〟を思わせるものだった。

片桐が言っていたことが今更に思い出される。「彼らには地権も利権も関係ないんです。そこが誰の所有になる畑か、知る由もない。作物を荒らしても、盗むという感覚すらない」……。

田沢の雌ジシとのファーストコンタクト。この時点で片桐は獲物の足首の異変に気付いていた

足首が切れる可能性も考慮して、片桐はいつにも増して素早く、かつ慎重に行動した

口取り（3つ目の支点）をかませた
上で、目隠しのテープを巻く。
足首は切れずにもった

人恋しくて仕方がないシシたちは、こんな集落のど真ん中で人間との共生をはじめている

そうなのだ。彼らはいまだ人間に対して完全には恐怖心を消し去れないでいるが、一方で、ずいぶんと人間の暮らしの中に入り込めたことで、彼らは人間を見る〝目〟を変えはじめたのではないか。「これまで、人間は本当に邪魔臭い、嫌なヤツらだと思ってきたが、案外、一緒に暮らせるかもしれない。ともかく、こちらから少しずつ近づいていってみようじゃないか」と。

なるほど、こう考えると、片桐の「シシは人恋しくて仕方がないんです」という言い方が、じつに的確で、説得力をもった表現だと気付くのである。そうであれば、従来のようにシシをふくむ野生動物を単純に害獣呼ばわりし、ひたすら敵対することに、どれだけの意味と効果があるのだろう。まずは彼らの恋心を受け入れ、共同で解決策を探る必要があるのではないか。私は何も、今すぐ丹精込めた畑をすべて、彼らに開放しろと言っているのではない。

彼らの恋心を逆手に利用し、今度はお客さんを里山から奥山に真反対にもどす手立てを考えたらどうか、と言いたいのである。具体的には、里山から徐々に奥山に向けて雑木山（灌木林）をふやしていき、最終的に彼ら本来の住処である奥山にしっかり野生動物をもどしてしまおう、という長大なプランだ。もちろん、彼らが二度と里山に下りてこなくても済むよう、奥山には雑木のサンクチュアリーを充分確保する必要がある。ここでケチったら元の木阿弥となり、彼らはきっとふたたび里山目指して進軍をはじめるに違いない。

こうしたことを口にすると、研究熱心（？）な学者や里山の老人たちは、「一度、作物（野菜）の味を覚えた野生動物が、そう簡単に山に帰るわけがない」と、必ずしたり顔で非難を浴びせ掛けてくる。私からすれば、簡単ではないからこそ取り組む価値があると、どうして発想転換できないのか、と逆に突っ込みたいぐらいだ。その前に、「あなたたちはそもそも、本気で野生動物と居住域を分かちたいのか」と、念を押したくもなる。

いずれにしても、従来のごとく野生動物を敵（害獣）と規定し、反目し合う関係を続けようとするならば、現在の状況は一万年たっても変わることはないだろう。もちろん、この惑星が一万年後もあると仮定し、野生動物もそれまで生き長らえればの話だが……。ビルの予測に立てば、ともに至難の業と心得るべきだろう。

シシに愛されてしまった人間は、今こそ本物の共生関係を築くことが求められている。同じ集落内に住むのが無理というのなら、彼らが安心して棲める別の場所を本気で確保してあげない限り、彼らはけして住み慣れた里山（集落）から出ていこうとはしないだろう。村の老人たちが言うように、彼らはすでに畑の作物の味をしめてしまったのだから……。

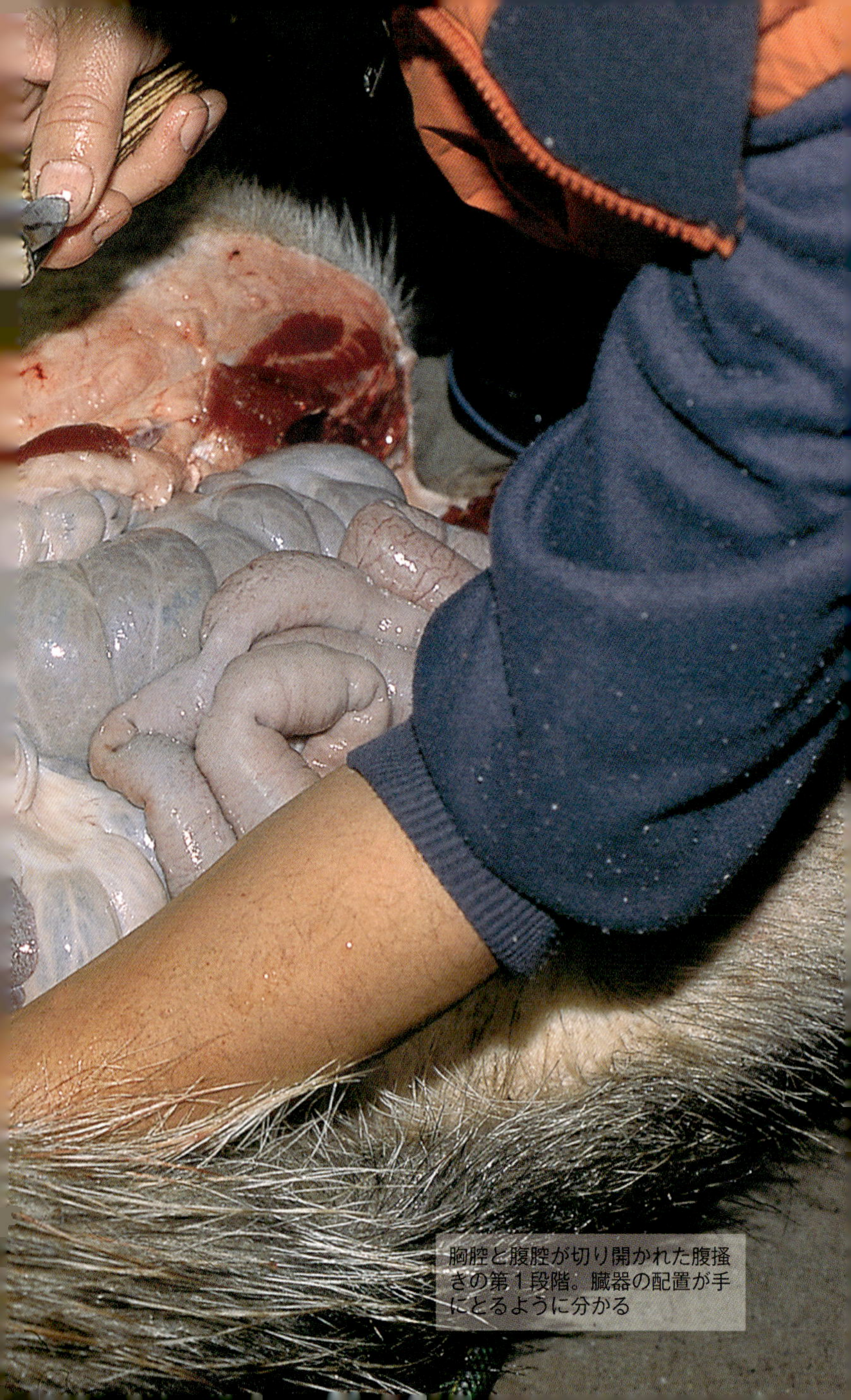

胸腔と腹腔が切り開かれた腹掻きの第１段階。臓器の配置が手にとるように分かる

四章
獣臭を肉に残さないための失血術

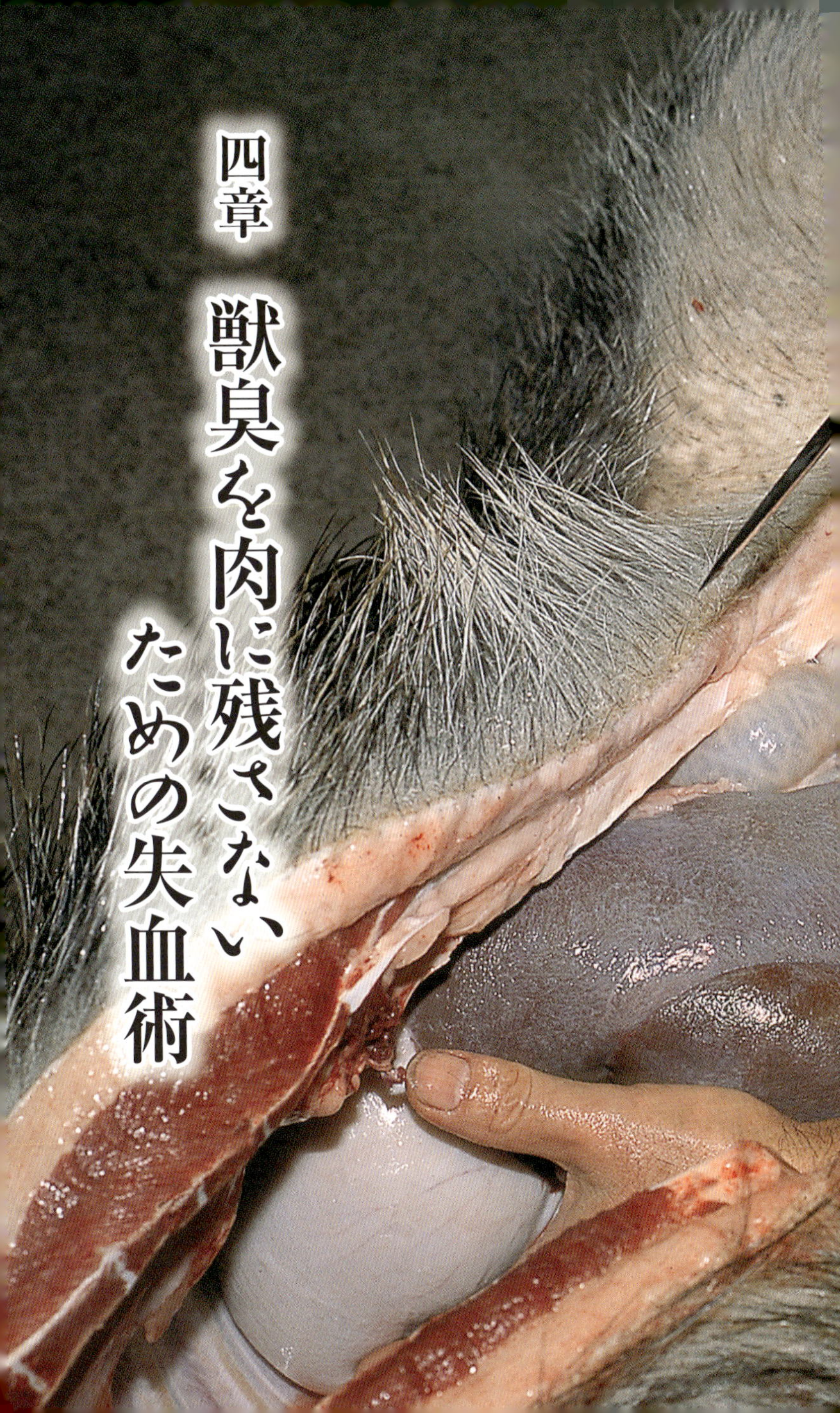

住民の高い協同意識を背景にした鳥獣害対策

できることなら、巷で言うところの〝害獣問題〟は避けて通りたかった。人間のエゴを前提とした議論ばかりで、個人的にはそこに加わる意味はまったくないと思っていた。はっきり言って時間の浪費、無駄な労力を使うだけと見切ってきたのである。そんなところに舞い込んできたのが、ある地方で取り組まれている興味深い鳥獣被害防止対策の情報だった。これまで、常に防止対策の限界ばかり見せつけられてきたので、今回もその情報をスンナリと受け入れたわけではない。ただ、「対策のソフト部分がしっかり練られている」という噂を信じて、現場をたずねてみる気になったのだ。

その現場は山口市（山口県）の仁保(にほ)地区といい、山口市郊外の中山間地に位置し、面積は七千ヘクタール、そのうち農地が約五百ヘクタールで、約三千五百人の住民が居住する。北に標高七六一メートルの高羽岳がそびえ、そこを源流とする仁保川が約十六キロにわたって南流し、その両岸に地味豊かな農地が広がるという地勢だ。この恵まれた自然環境に加え、自主独立の気概に富む地元住民の力が合わさり、平成十三年（度）には農林水産祭「豊かなむらづくり」部門で仁保地区は天皇杯を受賞している。何でも、仁保独特のこうした誇り高い住民意識は〝仁保モンロー〟と呼ばれているらしい。もちろん、ここで言うモンローとは、アメリカ五代大統領ジェームズ・モンロー（一七五八〜一八三一）が唱えたモンロー主義のことで、欧米両大陸の相互不干渉を主張するアメリカ合衆国の外交政策の原則を指す。

天皇杯を受賞した元気な山里ではあっても、それを理由に野生動物が仁保を見逃すことはなかった。受賞に前後して、サルの群れが仁保の農地に現れて、農作物を荒らしはじめる。そこで同十四年、被害農家とＪＡの仁保支所、山口市が連携して「仁保地区猿被害対策協議会」を設置。これ以降、さまざまな対策が打ち出されていく。当初の追い払い活動は花火やパチンコが主役で、被害農家だけが実施するものだった。

同十六年には、サル接近警報システムを導入。メスザルを定期的に捕獲して発信機を首につけた後に群れにもどし、十カ所の受信局でサルの群れが半径七百メートル以内に近づくと、警報のライトが点滅するという仕組みだ。片桐の発・受信装置に比べると、とんでもなくスケールが大きい。このシステムの採用で、サルの群れに対して即座に対応できるようになったという。同十九年に国の鳥獣害防止対策事業の採択を受けてからは、活動はさらに本格化する。

まず、地元山口大学の協力を得て、サル被害を受けている地区を徹底的に調査し、被害マップを作成。これにより、野菜くずやカキなどの放棄果樹がサルの餌となり、出没の原因になっていることが分かった。このときの学生たちの真剣な取り組みを見て、住民のサル対策の意識がいちだんと高まるという相乗効果もあったらしい。対策はこれだけにとどまらなかった。小学校児童も参加しての放棄果樹のもぎ取り活動、サルを追い払う「モンキードッグ」の養成、農地と山林の境界での緩衝帯づくり、耕作放棄地での牛の放牧、電気柵（モンキーショック）の整備、研修会・学習会の開催……。

もちろん、ここに出てきた手法は、すでにほかの地方・地域でも試みられているものもあるが、仁保らしいのはこうした対策をすべて同時平行的に実践している点にある。住民の高い協同意識がなければ、とても遂行できるものではない。今では、花火による威嚇や、野菜くずや放棄果樹の除去を、住民ひとりひとりが徹底して行っている。なかには、地域の人が間違って声をかけてしまうほど精巧な案山子（かかし）を自作し、大きな効果（追い払い）を挙げている農家もある。じっさい、私は彼（?・）に思わず挨拶してしまい、反応がないのでようやく案山子と気付いたほどだった。

「気を遣ったのは、ハイテクの防護柵や捕獲檻に頼るのではなく、あくまで住民自身が主役になるということでした。いわば、人間が柵の替わりになる。サルを一網打尽に殺すのではなく、彼らに人間の怖さを学習させることで、双方の棲み分けの道を探っているわけです」

対策協議会の最前線で住民とのパイプ役を任ずる吉廣利夫さんの話だ。〝人間の柵〟〝棲み分け〟などという発想が、私にはじつに新鮮で、驚きであった。ここではすでに、共生の風景ができつつあったのだ。その点からすれば、仁保の住民が実践している数ある活動の中で私がもっとも惹かれた対策は、「古道をハイキングコースに」という取り組みだった。どういう活動かというと、山林の中に残る古道（昔の歩道）を積極的に使う（歩く）ことで、人気（ひとけ）を嫌うサルをなるべく人里に近づけないという工夫なのである。

人が多く通ることで古道が整備されれば、ハイキングコースとして観光客を呼ぶこともできる。じっさいに、市外から古道歩きにくるハイカーも出てきているらしい。こうしたやり方は、鳥獣害と地域づくりを合わせて考える仁保地区ならではの取り組みと、周囲から高く評価されている。「豊かなむらづくり」で培った手法が、存分に生かされているとみていいだろう。

こうして、平成二十二年には猿被害対策協議会は「鳥獣被害対策協議会」と名を変え、住民総参加の組織に発展していく。同二十三年十月には住民らによる「さる被害防止見回り隊」も結成。見回り隊は定期的に集落内を巡回し、サルを見つけしだい、追い払う。住民から出没情報を受け取ると、ＪＡ仁保支所は有線を通じてサル情報を提供する役目を負っている。

よくぞここまでキメ細かな取り組みができるものだと感心してしまう。これまであちこちで獣害（嫌な言葉だ）対策の現場を見てきたが、さすがにこのレベルまで活動を突き詰めた地域には遭遇していない。こうした住民同士の信頼関係、協力態勢の上に成り立つ長年の取り組みが評価され、仁保地区は二十三年度の国の鳥獣被害防止総合対策事業で、堂々の農林水産大臣賞を受賞した。「豊かなむらづくり」での天皇杯に続く栄誉というわけだ。地区住民の不屈、かつ労をいとわない努力・向上心には、心より敬意を表したい。

だがここで、仁保地区が取り組んだ獣害対策事業が本当に永続性のある、究極の対策であるかというと、そう簡単には首肯しかねるのである。たとえば、現在でもすでに高齢化している住民が、この先さらに十年、二十年と時間が経過したとき、現在と同じように元気に活動できる保証はどこにもない。さらに、現時点では人間と動物の棲み分けがうまくいっている（？）にせよ、この先も動物の頭数の増減がさほどなく、今と同じように双方の関係が良好に保たれるという保証も、これまたない。動物が何かの拍子に激増する可能性も、まったくないとは言い切れないからだ。

蒸し返すようだが、前章でふれたとおり、人間と動物の正しい関係（共生関係）を築くには、彼らが人間社会と接触せずに済むような高度な棲み分けを、まずもって実現させる必要がある。私がわざわざ〝高度な〟と断ったのは、一時的な隔離のようなやり方ではなく、人間の責任として、彼らが永続的に安心して暮らせる環境を整える義務がある、と思うからだ。それは単に、アニマル・ウェルフェア（動物福祉）の観点からの発想ではなく、種の保持の重大さから考えてのことなのだ。

つまり、ある地域で長くそこの生態系の構成メンバーとして存続してきた種が、何かのインパクト（ほとんどは人為的なもの）で失われたとする。すると、食物連鎖を通じて数千年、いや数万年もそこで安定的に保たれてきたデリケートな生態系は、一瞬のうちに破綻する。たったひとつの種の消失がエコシステムの中に連鎖反応をおこし、それにつながって（共生して）いたほかの多くの種に深刻、かつ致命的な影響を与えてしまうからだ。「種をひとつぐらい屠っても、どうってことないさ」という人間の驕りが、もっとも危険なのである。

〝経済成長〟により植民地化された想像力

種の多様性の重要度は、それら（種）が失われてすぐには、デリカシーに欠ける人間にはまるで気付かれない。いみじくも片桐は、ダム工事に関して「それ（ダム）が完成したとしても、川は十年くらいは〝騙し〟が利くんです」と見抜いていたが、それと同様のことが種の喪失の際にもおきているのである。ダムが完成した川にやがて騙しが利かなくなるように、種が失われた生態系にも遅からず重大な影響が現れはじめる。ダム建設の〝非〟に気づいたときにはすでに手遅れであると同様に、種の喪失の重大さに気付いたときには、もはやまったくのアウトである。対処するには遅すぎるのだ。

しかしながら、人間はそうした対処法を真剣かつ迅速に考えるどころか、種喪失の重大な意味にも、ましてや今まさに（人間の手により）急速に絶滅しつつある種の現状についても、まるで気付いていない。ビルの言葉を借りれば、「人間はもはや〝不変〟でも〝生命の味方〟でもなくなった」ことに、いまだ気付かないのである。私は最新刊の『日本茶の「未来」』の中で、ネオニコチノイド（農薬）が環境と生物に及ぼす深刻な影響について言及したが、この国ではこうした生命の尊厳に対する挑戦とも思える危険な振舞いが、何ら顧みられることがない。種の多様性を失ったら、それはそのまま人間の生存の危機につながることに、どうして思い至らないのだろう。

人類という種が、自業自得でまさに生存の瀬戸際に立っているこの期に及んでも、なお経済成長を追いかける理由がどこにあるのか。セルジュ・ラトゥーシュ（仏の経済哲学者）の言葉を借りるまでもなく、経済成長は人を豊かにするどころか、人の生存を脅かす貧困や飢餓の温床になっていることに、どうして気付かないのか。〈脱成長〉を説き続けるセルジュは、経済の規模を徐々に縮小することで消費を抑制し、本当に必要なものだけを消費することで、真の幸せにつなげていこうという考えだ。

彼は朝日新聞（六月四日付夕刊）のインタビューに答えて、以下のように持論を述べている。その発言の念頭には、長年にわたって現地調査をしてきたアフリカやアジアの村落共同体の生活がある。

「貧困や飢餓の多くは、歴史的に見ると、異常気象による食料不足が原因ではなかった。商品作物の生産など偏った開発によって、生活基盤が破壊され、共同体内部の分かち合いの精神が失われるなど、経済成長を目的とした開発自体が原因でした」（傍点筆者）

思い当たるフシはないだろうか。セルジュはアフリカやアジアの村落共同体の生活を念頭において語っているというが、これはまさに、戦後日本が身をもって示した経済優先社会の帰結の姿に重なるものだ。調和を無視した開発による生活基盤の破壊、その結果としての共同体を支えてきたかけ替えのない互助精神の崩壊……。そこには過疎・高齢化した地域社会、年中行事の氏神の祭事さえ催行できなくなった疲弊した地方の実態がある。セルジュはいわゆる後進国の現状を語る振りをして、日本の戦後史を巧みに絵解きしてみせていたのだ。

もちろんセルジュは、こうした〝成長〟の問題点が先進国にも当てはまる、と指摘することを忘れない。

「私たちの想像力は今や完全に〈経済成長〉によって植民地化されてしまい、社会の問題は成長によって解決されると信じ込んでいる。長期的に考えれば、資源は確実に枯渇し、環境は破壊されることは明白にもかかわらずだ」（傍点筆者）

経済成長という名の妄想にとり付かれた人間は、いまだにその呪縛から解かれていない。バブル崩壊後の低成長時代を「失われた二十年」と呼んではばからないこの国では、成長なき社会を〝豊かな社会〟と見なすことはけしてあり得ない。この二十年間で貧困や労働問題は深刻化したととらえる国民が、圧倒的に多い。しかしセルジュは、「日本のケースが示しているのは、経済成長至上主義の社会のままで低成長に移行すると、人が生きていくのに厳しい社会が現出するという事実。結局、経済だけでは問題は何も解決しない」と論破する。

そこで説くのが、社会の基本的な単位を小さくした「ローカル化」戦略だ。じっさい、欧州危機後、ギリシャやスペイン、イタリアなどでは、スローライフのコミュニティづくりの動きに拍車がかかっている。

「〝環境にやさしい運動〟というと、先進国の裕福な人たちによる、お金のかかる運動と思われがちだが、それは違う。短期的な経済成長に右往左往しないで、じっくりよい社会をつくっていくことを意味しているんです」

成長の追求がもたらす弊害は、二十世紀後半からしばしば議論されてきた。にもかかわらず、惑星規模の運動にはなかなか発展しない。「もはや私たちは問題を〝知らない〟のではない。ある哲学者の言葉を借りれば、〝知っていることを信じようとしない〟のです」と、セルジュはこえるべき壁を指摘する。では、この国を例にとったとき、何からはじめればよいのか。

「安倍首相は『日本を取り戻す』と言っていると聞く。それは経済成長するということではなくて、〝もったいない〟精神をもち、生態系と共存する、古きよき日本を取り戻すという意味でないといけないのですが……」

（傍点筆者）

じつによく日本の国状を理解している学者だと思う。「生態系と共存」という言葉が出てきたところで、ふたたび本題にもどる。私は野生動物とのあるべき共生関係を築くためには、高度な棲み分けの実現が前提と書いた。そのための最善で唯一の方法は、前章の最後の部分で開陳したように、時間はかかるが、里山から奥山に向けて徐々に雑木山をふやしていき、最終的に野生動物本来の住処である奥山に彼らを誘導するというもの。もちろん、そこ（奥山）には彼らが二度と里山を目指さなくても済むような、たっぷりの餌が確保できる雑木のサンクチュアリー（餌場）を用意する必要がある。どんなに時間がかかろうとも、人間みずから犯した過ちは、みずからの手で償う責任がある。

この野生動物誘導大作戦では、まずもって山主（山林所有者＝林家）の理解と行動力が大前提となる。彼らがこの巨大プロジェクトがもつ意味の重要性を理解した上で、積極的に協力してくれない限り、作戦は単なる〝絵にかいた餅〟で終わってしまうからだ。だが、悲しいことに、『ラストハンター』のあとがきに書いたごとく、この国ではこうした当然と思える人間の行動もまずおこり得ないと考えて、間違いはない。国政をあずかる責任者が、平気で時代錯誤を繰り返すお国柄である。仕方がないではないか。

しかし、そう見切ってしまっては何もはじまらないので、作戦遂行のための試案だけは提示しておきたい。まず、地方自治体もしくは国レベルで、即刻強制義務をもたせた条例または法律を制定する。その中身は、各林家の持ち山の多寡にかかわらず、植林（針葉樹）は一律全面積の五割までといった制限をもうけ、それに違反した場合には罰せられる仕組み（たとえば罰金）をつくるというものだ。最初から五割という目標設定が高すぎるというのであれば、当初は七割ていどの緩い設定でもいいから、何年かかけて三割ぐらいまでに植林面積を逐次減らしていくのである。

奥山は全国的に国有林であるケースが多いから、まずは国が率先して範を示すべきなのだ。そうすれば、一般林家も「国がやるんなら、我々も従うしかない」と、追随しないとも限らないではないか。しかし、ここで誤解しないでほしい。仮に何年かかけて自家の山の脱植林（針葉樹）に成功したからといって、その林家に除・間伐の責任がなくなるわけではない。雑木山（自然林）であろうと、除・間伐等の管理を怠れば、植林の山と同様に森の荒廃がはじまる。要は、どんな山であろうと、林家が山を手に入れた瞬間に、応分の責任が生じることを銘記すべきなのだ。

だが、現在のような木材不況下では、山の維持・管理を山主だけに押しつけるのは無謀、という議論がある。本来は所有者である山主が責任をもって問題解決に当たるのが筋だが、百歩譲って国民全体の問題として考えるとき、どんな解決策があるだろうか。各地で試みられている水源税をヒントにすれば、野生動物の出没に怯えないですむ地域の再構築という意味で、一般市民が参加できる余地は多いに残されていると思われる。植林を自然林に転換させるための現場での伐採作業、それ（自然林）を維持するための定期的な除・間伐、そして、これら活動を支えるための安心・安全税ともいうべき負担を、川下（流域）の住民で分け合うことも検討されていいだろう。

つまり、行政が主動すべき課題もいずれ浮上してくるはずだが、国政のトップを任ずる者がいまだ経済成長で国をとりもどす、などと叫んでいる国柄である。役人たちが積極的にこの長期的なプロジェクトに取り組む可能性は、限りなくゼロに近い。しかし、本気で野生のサンクチュアリー実現を目指さないとしたら、何度も言っているが、野生動物との一万年戦争を果てしなく続けるしかない。だが、ひとつだけ手っ取り早い〝手〟がある。あらゆる手段を尽くして、一日も早く彼らを絶滅に追い込んでしまうのだ。その代わり、人間みずからの生存も縮める覚悟が必要だが……。それが生態系というものだから、仕方がない。

胸腔を埋めるゼリー状の血液

田沢での捕獲劇で、ひとつ書き落としたことがある。獲物は五十キロ超のメスであったが、これくらいの大きさのシシなら、片桐は鼻取りをヒットさせるが早いか、瞬く間に組み伏せて四肢を縛りあげてしまう。しかし、このときは片桐は妙に慎重で、鼻取りのワイヤーでふたつ目の支点をつくったあと、さらに三本目のワイヤーで顎をガッシリと固定した。五十キロを超えたぐらいのシシに対して、片桐がここまで捕獲に念には念を入れるのが、私には合点がいかなかった。

しかし、捕縛が済んだところで、片桐が慎重を期した理由が解けた。片桐がホラとばかり、ワイヤーがかかった獲物の前足を指さしている。それは背筋が寒くなるには充分な眺めだった。足首がほとんど切れた状態で、わずかに皮一枚でつながっている。そうなのだ。片桐は獲物がかかった罠場に近づいた瞬間に、この異変を察知し、慎重には慎重を期すべく、三本目のワイヤーを獲物の顎にかけたのである。

仮に、鼻取りがヒットする前に足首が千切れていたら……そう考えると、私は今更に全身に冷や汗が流れるのを感じた。ふだん、手負いのシシの怖さは片桐からタップリと聞かされていたので、二重に体が凍り付くようだった。それにしても、今シーズンはよくもまあ、危険なシーンに次々と遭遇することよ。たまに猟に同行する私にとっては、単なる偶然が重なっただけと見ることもできるが、四カ月の狩猟期間中、毎日罠回りをしている片桐にとっては、文字どおり毎日が命懸け、危険の連続であることがよく分かるのだ。生け捕りの非常識ともいえる猟法のきわどさを思い知らされた、私の今シーズンであった。

ここらでいよいよ、解体の話に移りたい。店（竹染）に接して建つ解体場は、平成十八年築の新しい建物で、九坪ほどの広さがある。床はコンクリート敷きで、中央に獲物の解体時に流れる血液等を受ける浅い溝が掘られている。西側の壁ぎわには流しがおかれ、その上方に小さな神棚が祀られているが、これがあるだけで解体場の佇まいにどれだけ安らぎを与えていることか。神棚の脇に奉献されている片桐自作の槍は、解体の最初に使われる失血死に必須のアイテムで、片桐の解体術の根幹を支える道具と言っても、過言ではない。

さて、目隠しされて解体場に連れてこられた獲物が、この槍で失血死させられる手順については、すでにふれた。罠場で獲物を捕獲した時点から、片桐が心掛けていることはただひとつ、いかに静かに獲物に止めを刺すか、の一点だった。

「なぜ静かに死なせることが大事かというと、それがおいしい肉につながるからです。興奮した

ままでシシを屠殺すれば、毛細血管に血液が残ってしまう。そうすると、それが臭いとなり、そのシシ肉を食べたお客さんからは、必ず『獣臭い、おいしくない』という感想が出てくるはずです」

これまで、全国で多くの猟師に出遭ったが、話が毛細血管にまで及んだ猟師は片桐をおいて、ほかにいない。屠殺された瞬間からシシの血液や肉の酸化、それに続く腐敗がはじまるわけで、血液は可能な限り取り除いておいたほうがいい、に決まっている。

槍で静かに失血死させられたシシは、特製の台（ラック）に移され、仰向けの格好で丁寧に水洗いされる。ナイフを入れる部位は、特に念入りに洗浄する。そして、胴体の腹掻きに入る前に、やっておくことがある。四肢の足首（蹄の上）にナイフを入れて、三センチほどの幅で皮をそぎとる。腹掻きを終えたシシを、ひと晩解体場に吊る

解体の第１段階。全身を丁寧に水洗いし、四肢の足首の皮をナイフでそぎとる

すとき、このポイントにロープをかければ、滑らないで済む。翌日の皮剝きの際にも、ここからカミソリ（ナイフ）を入れれば、おのずと作業ははかどる。

洗浄で書き忘れたことがある。その狙いは、体の汚れをとることはもちろんだが、シシの全身に吸着したダニを洗い落とすのが主目的だ。一般にシシには三種類ぐらいのダニが付着しているといわれ、そのうちのマダニは人間にもとり付くから、油断がならない。あるとき、水洗いのときに一・五センチもある巨大なダニを見つけ、驚いたことがある。そのダニの名前は分からなかったが、片桐の話では日本には一千種ものダニが生息しているらしい。私は去年、カナダ東海岸のナショナルパークで直径三センチもあろうかというダニに遭遇し、上には上がいるものだと、呆れてしまった。

さて、腹搔きの第一刀は胸に入れる。と、書いて、私はハタと考えこんでしまった。ときに片桐は、先に下腹部にナイフを入れることがあるからだ。要は、この際どちらが順番として先かという問題は、たいした意味をもたない。いずれにしても、シシの腹は最終的に首から下腹部まで真一文字に切り開かれ（本章扉参照）、胸腔と腹腔からすべての内臓が引き出される。先に胸の皮切りからはじめた場合、まず唇とタン（舌）を切り取り、胸骨をノコギリで切開し、肺と心臓をとり出す。胸骨は胸郭の前壁中央にあって、左右にある肋骨を連接している太い骨のことだ。

切り開かれた胸腔を見て驚くのは、ゼリー状に固まった血液の姿である。槍のひと刺しで心臓に小さな穴をあけられたシシは、失血を進めながら、二十～三十分後には全身の血液を胸腔にため込

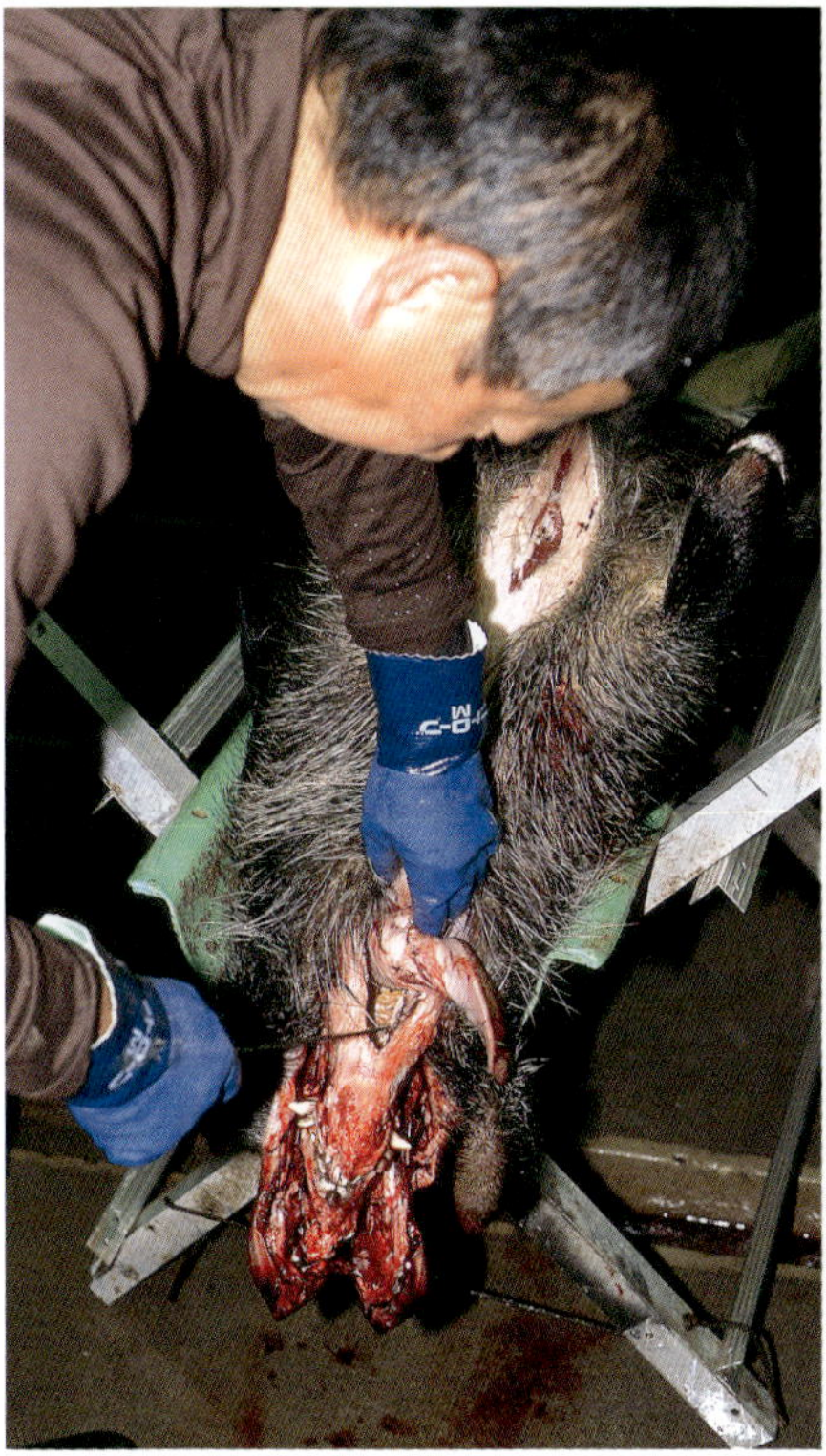
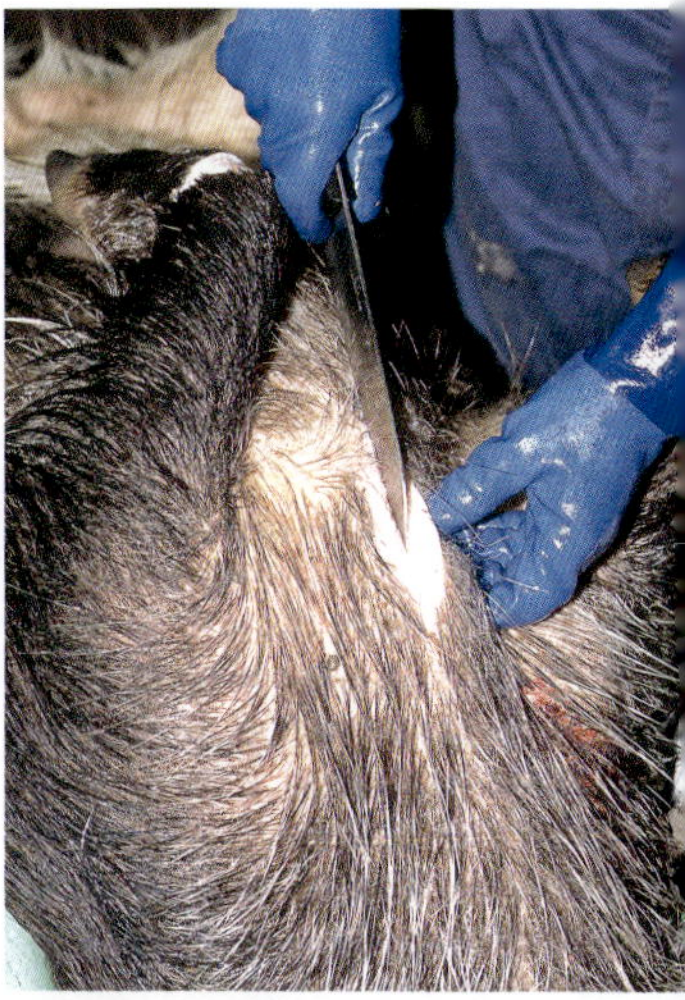
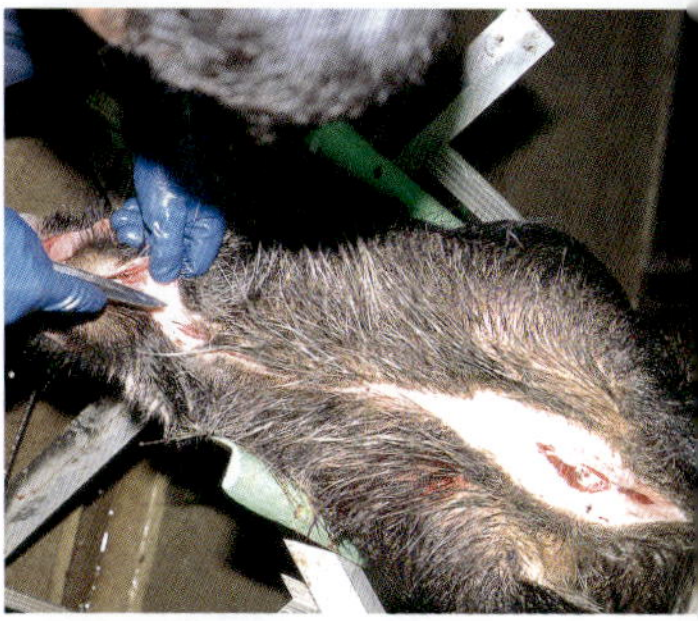
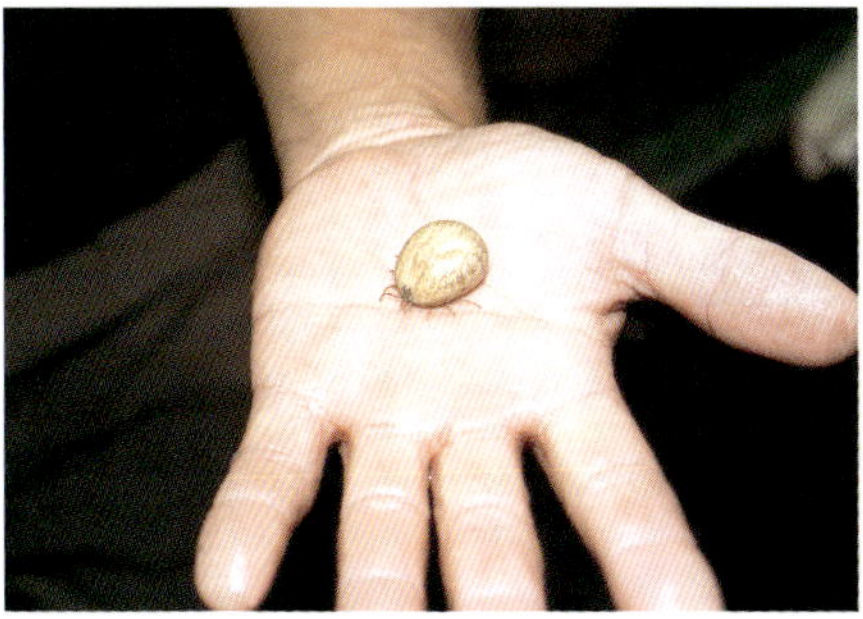
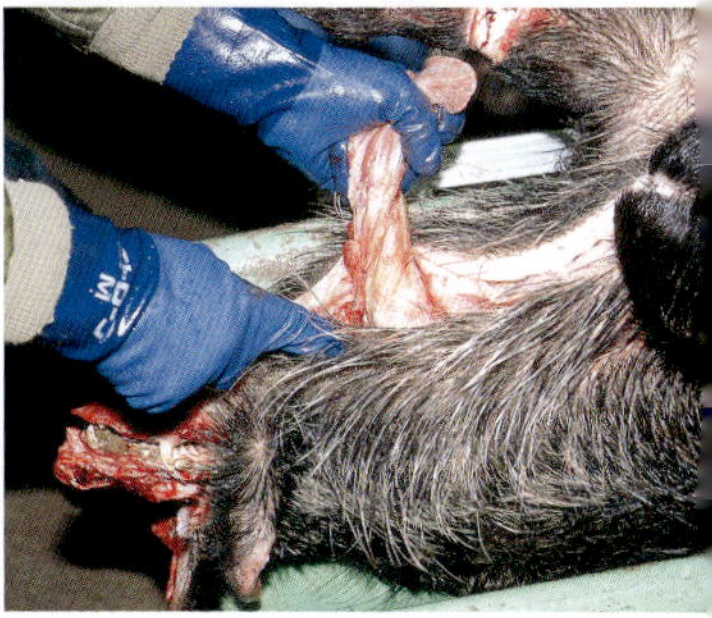

シシの胸に第一刀を入れる。右下はタンを切り取る場面。左下は吸血して膨らんだダニ

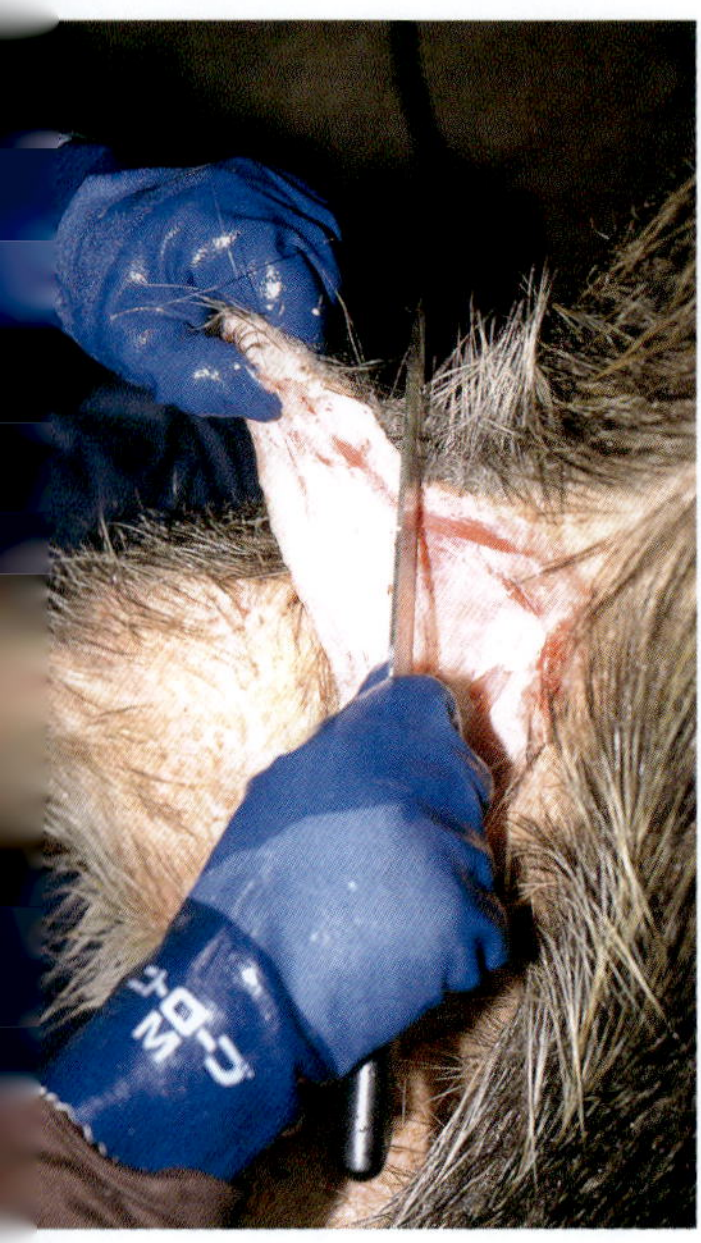

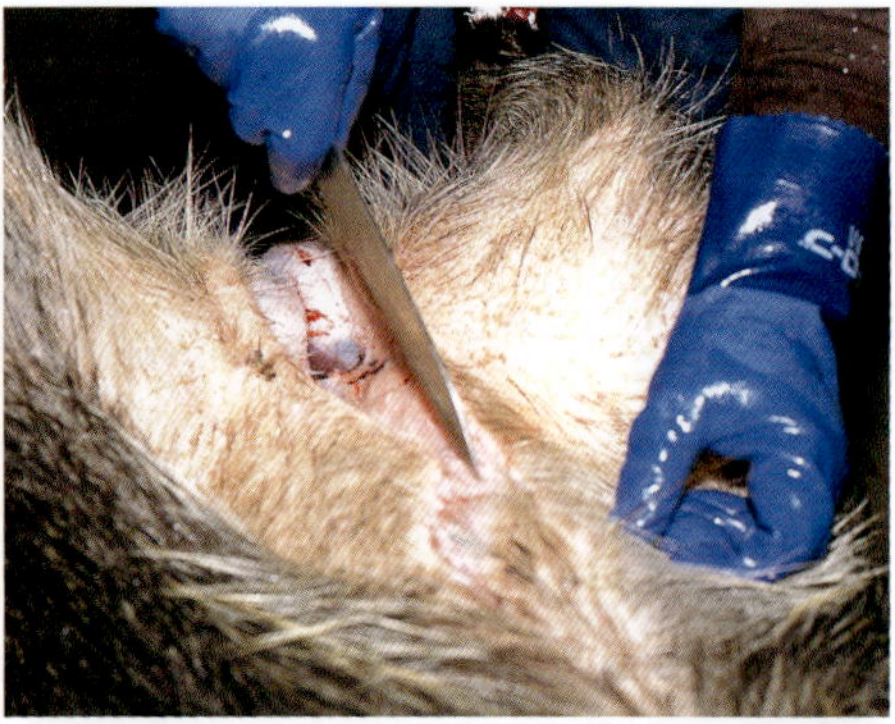

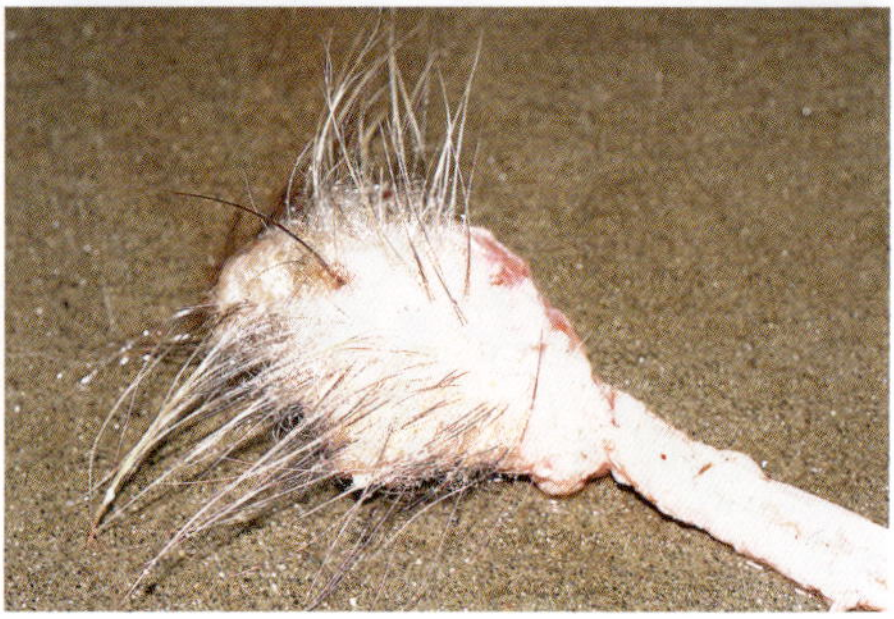

んだ状態で、事切れる。想像するに、心臓にあけられた小さな穴から胸腔に流れ出る血液は、外皮の穴を通して体内に入り込むわずかな外気と反応して、凝固をおこすのだろう。血小板が酸素と反応すると考えれば、分かりやすいだろうか。

　胸腔をきれいに水洗いしたら、こんどは下腹部の切開にとり掛かる。腹腔の切開には、胸腔のときよりずっと気を遣う。まっ先に取り出すのがペニスの裏側についているニオイブクロで、万が一これを傷つけようものなら、このシシの肉はすべて台無しになってしまう。次に膀胱を切りとったら、胸骨の切断に使ったノコギリで骨盤を切開する。続いて性器・肛門をとり去った後、胸腔と腹腔とを境する横隔膜を切断して、残りの内臓をゴソ

腹腔を切り開き、何をさておいても、ニオイブクロ（右下・オスのみ）を摘出する

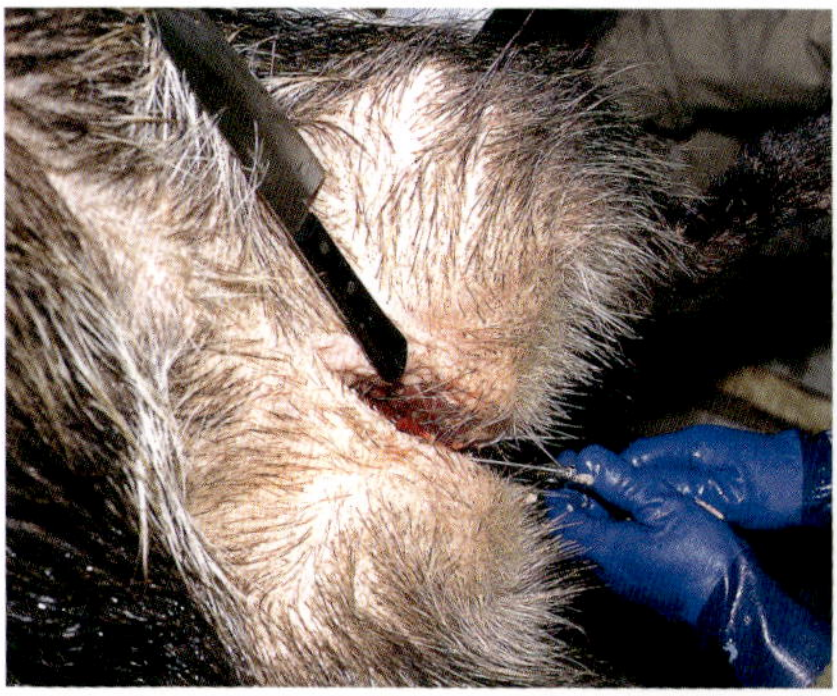

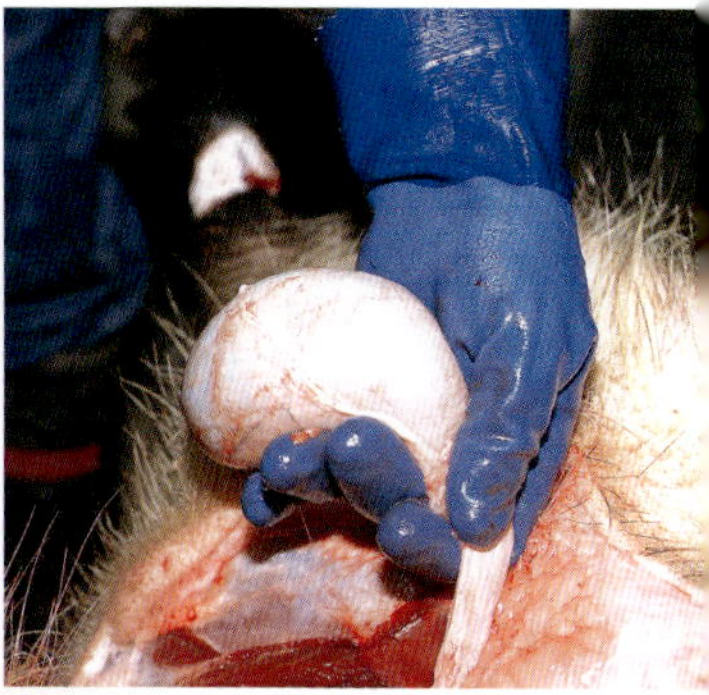

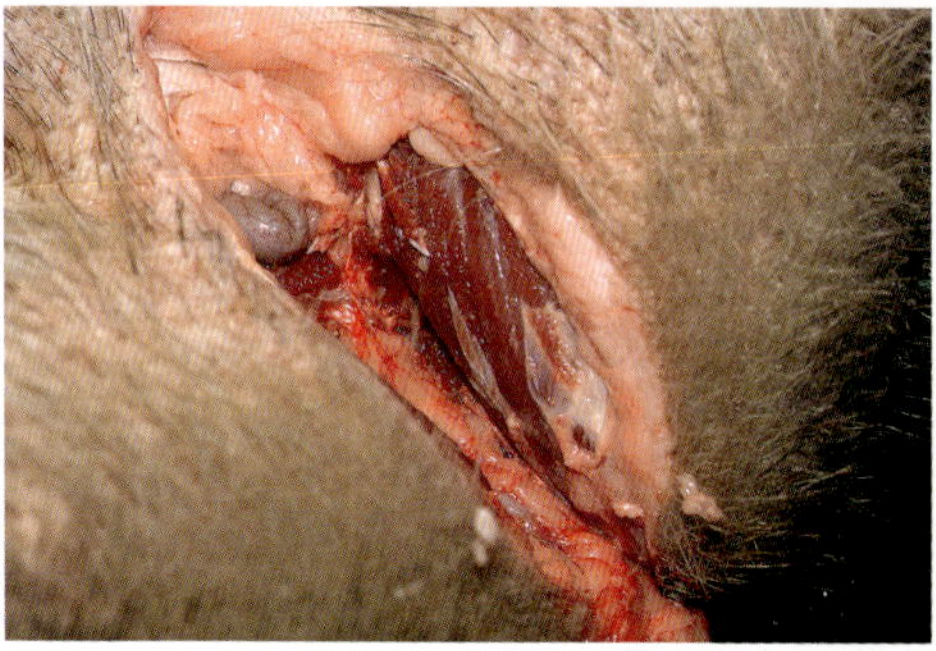

ッとばかり引きずり出す。

　横隔膜は哺乳類に特徴的なもので、上面は心臓・肺に、下面は胃・脾臓・肝臓などに接している。横隔膜神経に支配されて収縮・弛緩し、肺の呼吸作用を助ける。しかし、一般の猟師にとってはただの膜でしかない横隔膜も、片桐にすればじつに重要な役割を担った臓器といえる。これがあるために、片桐独特の失血法が活き、心臓の穴から漏れ出る血液が腹腔に回るのを防いでくれるからだ。

　内臓を引き出す前に、欠かすことのできない大事な仕事がふたつある。ひとつは、胃の裏にあって膵臓とセットになった脾臓を切り取り、神棚に捧げる。私が長く通う日向（宮崎）では、猟師たちが山の神に捧げるのはコウザキ（心臓）と

左はノコギリを使っての骨盤の切開と切断面。右の袋は膀胱

決まっているので、はじめて片桐が脾臓を神棚に奉じるのを見たときは、正直驚いた。脾臓と膵臓は食用にはしない臓器だといい、その理由は「血臭いから」という答えだった。もうひとつの大切な仕事とは、胆嚢の取り出しだ。クマの〝胆〟と同じく、陰干しして乾燥させれば、万病に効く特効薬となる。『なめとこ山の熊』の小十郎も、この胆と毛皮を売って生業にしていた。ちなみに、肝臓に潜るようにくっついている胆嚢の摘出には、ニオイブクロの扱いと同様の慎重さが求められる。誤って胆嚢に傷でもつけたなら、あの苦い胆汁が腹腔いっぱいに広がってしまう。

内臓がすべてとり除かれたシシの胴体には、大きな空洞ができて、もはや生き物のイメージからは遠い。空洞部分（体壁）を改めて丁寧に水洗いし、後ろ足の足首にロープを結わえて、リフトに逆さ吊りにする。シシの胸の位置には羽子板（突っかい）をはめ、左右の肉がふれ合わないようにする。このまま冷えた解体場の中にひと晩保管し、あら熱がとれる翌朝を待って、皮剥きに入るのだ。吊り下げられた胴体を間近で眺めると、横隔膜の切れ端（ハラミ＝横隔膜筋）と十二対の肋骨、そこから腰方向にのびる内ロース（ヒレ）が

乾燥させた胆嚢。万病に利く特効薬だ

見える。肩ロースはまだ、この段階では見えない。

洗浄が済んだシシの本体を逆さ吊りにしても、まだひと仕事残っている。胴体から取り出した内臓の処理だ。基本的には、おいしく食べられる部位はすべて食用に供する、というのが片桐の解体スタンスだ。

「野生動物の命と引き替えにいただく食べ物ですから、内臓とはいえ最大限活かしてあげてこそ、その命に報いることになる。感謝して、おいしくいただくことが、彼らの供養になると思うんです。その前に、猟の前提として、むやみやたらにとることはせず、必要な分だけ確保したら、そこで満足する心構えも大切ですね」

内臓をすべてとり除いたら、念入りに水洗いし、解体場にひと晩保管した上で、翌朝皮剝きに入るこのあたりの心構えは、常にブレがない。同じ質問を何度しても、いつも同様の答えが返ってくる。ここで思い出すのは、椎葉（宮崎）のベテラン猟師たちが常日ごろ口にするフレーズだ。「のさらん福は願い申さん」という短い諺で、〃山の神から授かったものだけを獲物とし、欲張ってまでとる必要はない〃という意味が込められている。そこにはまた、山の神を大事にすれば、おのずと神が獲物を恵んでくれるはずだ、という宗教的観念に近いものが読みとれる。

ここまでストイックに狩猟の原点を突き詰めて考えている片桐だからこそ、現今の〃遊猟〃に堕ちたハンティングに対しては、つい苦言を呈したくもなるのである。

「現在の狩猟は、鉄砲を振りかざすことで、野生動物に対しては恐怖感を与え、みずからは優越感を覚えることが基本になってしまっている。獲物を得ることは二の次で、引き金をひく快感、殺す愉悦に浸ることだけが目的になっている。狩猟の本筋からは大きく外れている、と言わざるを得ません」

こうした片桐の心配は、椎葉の猟師たちが県外からやってくるハンターたちに対して抱く懸念と、まったく同質のものだ。狩猟は本来、なめとこ山の小十郎のそれが母親と五人の孫たちを養うための生業であったように、遊興ではないはずだ。遊興を許せば、いずれは乱獲につながる。片桐や椎葉の猟師たちが恐れているのも、じつはその点なのだ。餌を使う猟法なども、乱獲を誘導する遊猟にほかならない。だからこそ、片桐は餌付けの猟には手を染めないのである。

胃の内容物でわかるシシの暮らし振り

さて、内臓の処理である。食用になる臓モツとして、すでに胸を切り開いた段階でタンとその奥にある軟骨（声帯）、それに続く胸腔の切開で心臓と横隔膜が取り出されている。しかし、臓モツの中心は腹腔のほうに詰まっている。解体の心得がある人間は、この臓モツをふた種類に呼び分ける。〝赤モツ〟と〝白モツ〟だ。その色を表わす命名からも想像がつくように、赤モツは血液が回る臓器、片や白モツは血液が回らない臓器を指す。具体的には、心臓や肝臓・腎臓などが赤モツ、胃や大腸・小腸など、それ以外の臓器が白モツということになる。

赤モツでは、神棚に捧げた

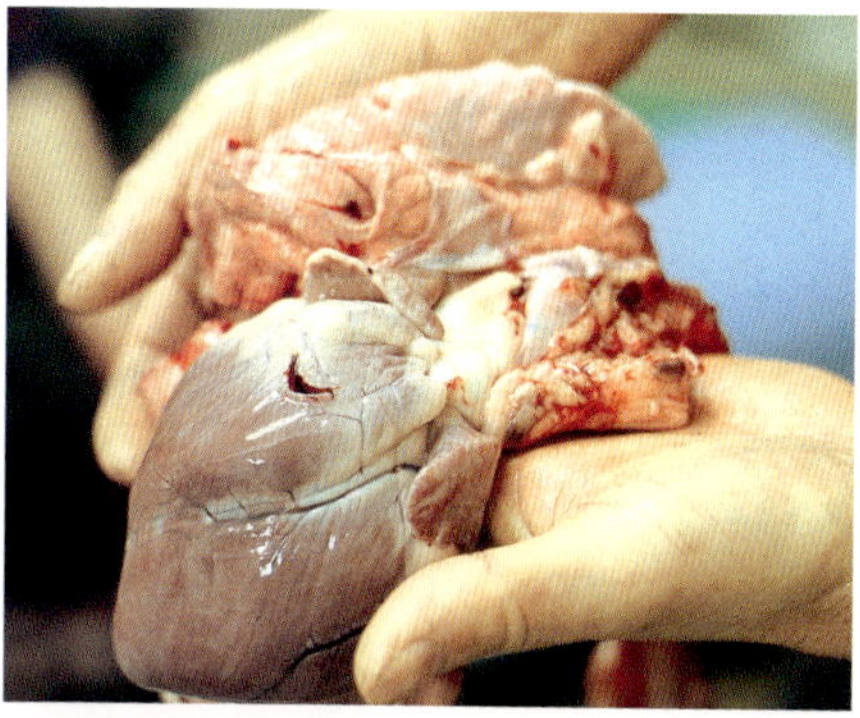

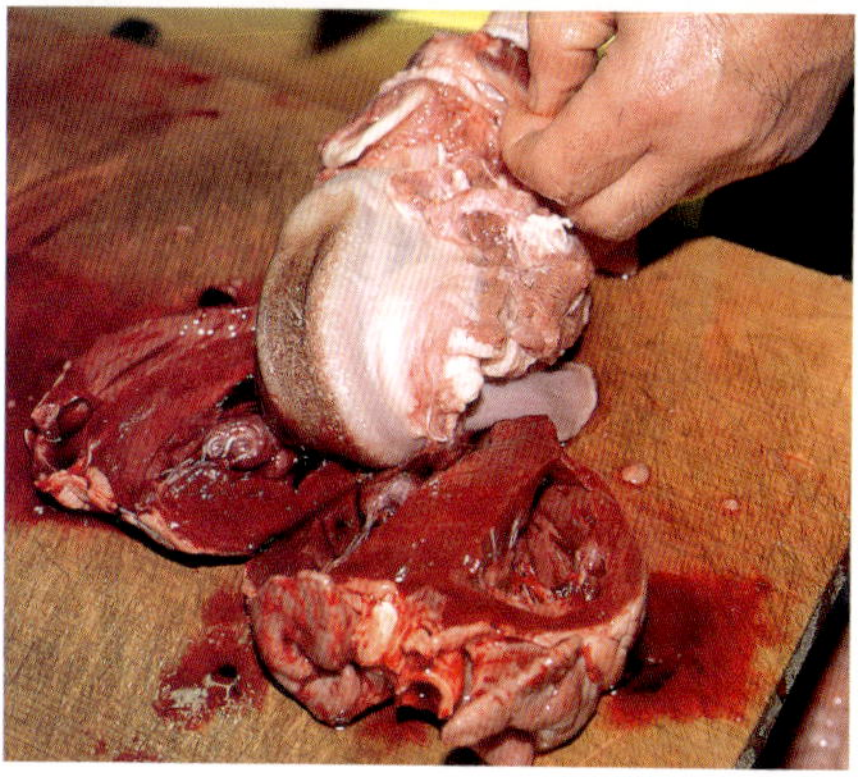

上は槍の刺し跡が見える心臓と肺（アカフク）。下は切り開いた心臓とタン（舌）

脾臓と同様、膵臓も食べない。腎臓（マメ）はほとんど脂気はないが、ホクホクしていて、案外旨い。心臓と肝臓は微妙な食感と食味の違い（肝臓のほうが柔らかくて甘い）はあるが、ともに絶品。特に、捌き立ての新鮮なものなら、塩でもタレで食べても、卒倒するほど旨い。むしろ、ヒレやロースの上をいくくらいだ。これらに生臭さが微塵も感じられないのは、腹掻きのときに片桐がこれら部位にはナイフで丁寧に切れ目を入れ、徹底して血液を絞り出しているからだ。

ハラミ（横隔膜筋）やハラアブラも旨い。ハラミは横隔膜に一対で付属していて、胃や肝臓の下垂を防いでいる。ハラアブラは三枚肉の内側にあって、内臓を保護する役目を担っているらしい。ともに歯応えはないが、味があって（ハラアブラは特に濃厚）、美味。これらとは別に、胃袋を巻くようについているのがアミアブラ（胃・腸周囲の脂肪）。左の写真を見てもらうと分かるが、まさに脂肪でできたネットだ。脂とはいえ、固い繊維でつくられているため、歯応え充分。上質の脂質と相まって、細かく切って食すれば、塩焼きでも鍋に入れても、こたえられない。子宮（コブクロ）と睾丸も食べられる。子宮は、わずかに歯応えを感じるていどでやわらかく、食べておいしい。一方、睾丸も固くはないが、ちょうど腎臓のようなホクホクとした食感で、淡白な味ながら美味。

ここまで腑分けされてしまうと、もはや臓器という感覚はなくなり、モツそのものであり、食用のための〝肉〟という印象に変わってくる。しかし、失血死からの流れをしっかり瞼に刻んでいるせいか、シシの命に報いる食べ方をしなければという思いは、いっそう強くなる。街の肉屋のケースに並ぶ肉とは、その存在感はまるで違うのだ。

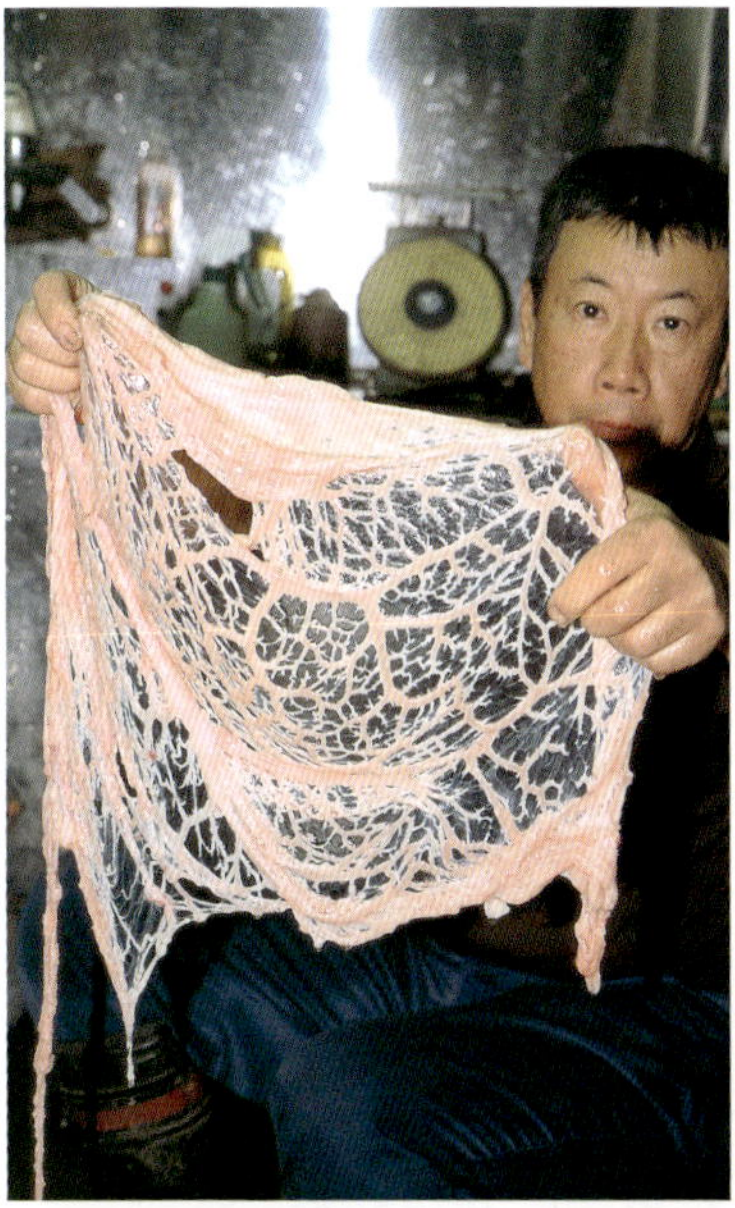

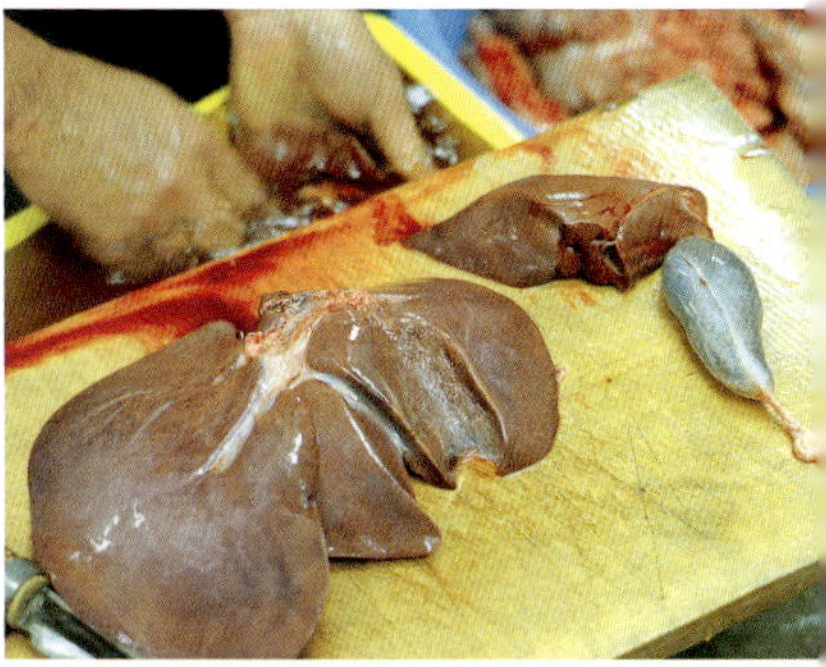

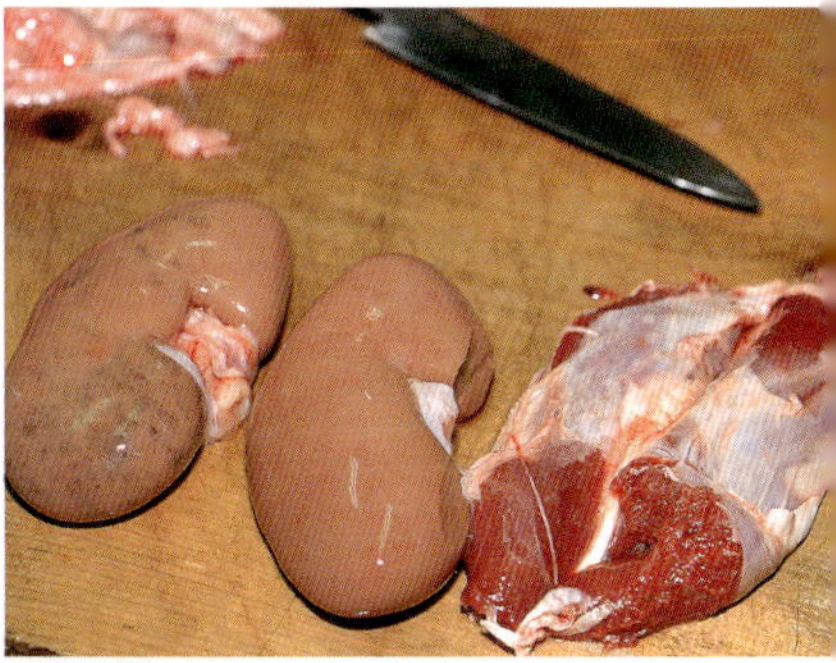

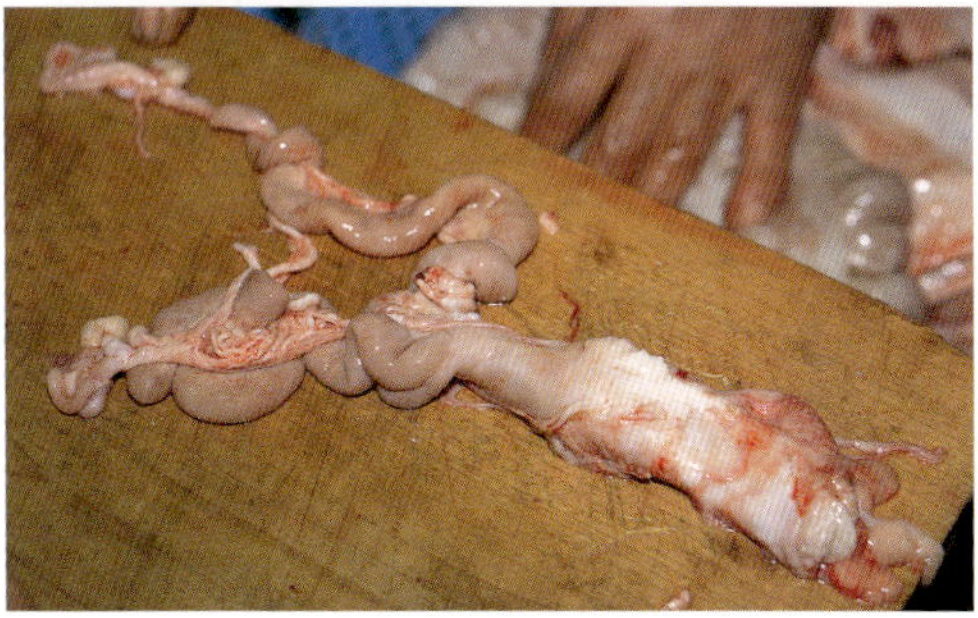

右上は肝臓と胆嚢。右下は腎臓（左）とハラミ。左上はアミアブラ、左下はコブクロ（子宮）

以上のものを処理してしまえば、残るのは胃（ミノ）と大・小腸。この日（一月九日）とれた獲物の胃を割ると、内容物にほんのわずかにドングリ（胃の中では黄色く見える）が混じるが、全体としては黒々としていて、臭いもよくない。片桐がとっさに反応する。

「ろくなものを食べていませんね。本来ならシイが胃袋にいっぱい詰まっているような状態でなければ、いけないいんです。胃を割った瞬間に、シイの香りがプーンと漂ってくるようでないと、ダメですね。内容物を見れば、シシの生活ぶりがすぐ分かります」

たしかに、ごくたまに胃の内容物が明るい黄色をしたシシに出遭うことがある（左頁の写真）。そんなときは胃を開けた瞬時に、出来のいいヨーグルトのような、じつに芳しい匂いが立ちのぼってくる。乳酸発酵をしているのだ。だが、こうした胃の状態のシシに出遭うことは、今後、いよいよ少なくなるに違いない。雑木の森がなくなった今、彼らが好物のシイやドングリ、またクズ根やユリ根にありつける可能性はほとんどない。人間がつくる野菜や米、さらには家畜の飼料のおこぼれにあずかるしか、生きる術（すべ）はなくなったのだから……。

そう、彼らはすでに完全に人間の家畜となり、人間とまったく同じものを食べている。人間はシシたちをいまだ〝害獣〟などと呼んでいるが、「人恋しい」彼らにしてみれば、つれなくされればされるほど、彼らの人間に対する〝恋心〟は募ることだろう。何度も書いてきたように、この恋を破綻に導くためには、彼らに新しい恋人（？）を見つけてあげるしか、手はないのである。その恋人とは、かつて彼らが長い時間にわたって同棲したことのある、雑木が豊かな奥山の森をおいて、ほかにない。けして新しい恋人ではなく、昔の恋人といったほうが当たっているだろうか。彼らを昔の恋人の元へ帰してあげることが、この小さな惑星で人間と彼らが共生できる唯一の道なのである。

ミノは手でゴシゴシと洗い、胃壁に染みついた内容物の痕跡をキレイさっぱりと絞りとる。そうすれば、鍋に入れても、塩焼きでもおいしく食べられる。けっこう弾力があるので、歯に自信がない人では噛むのに苦労するかもしれない。

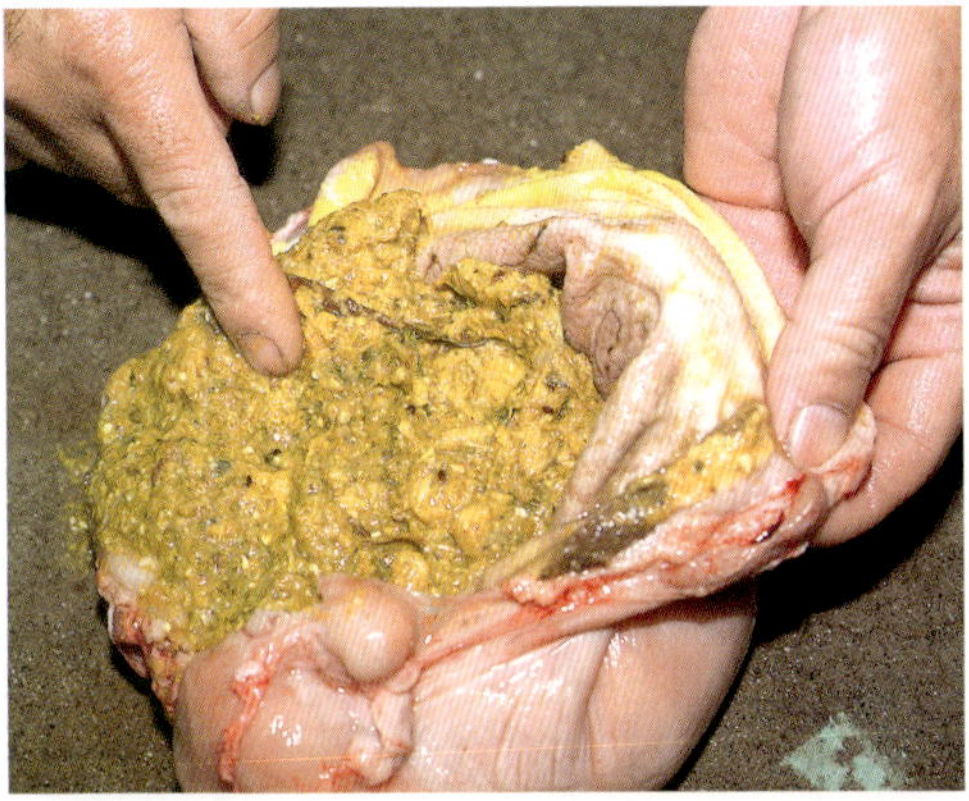

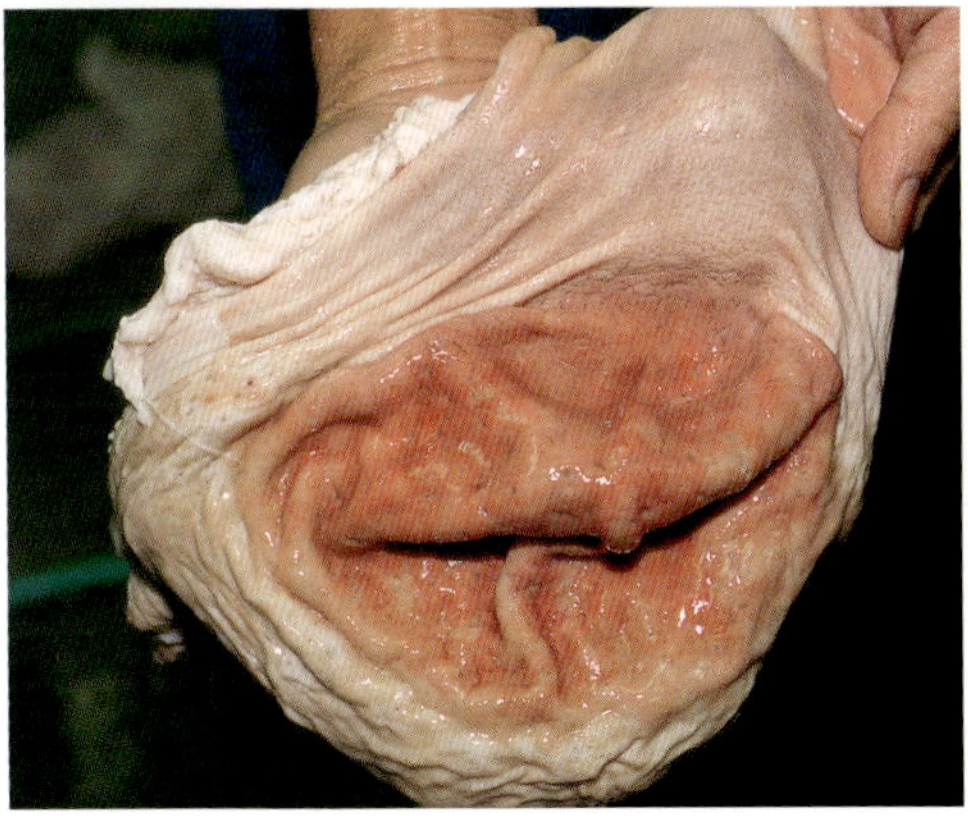

ドングリがたっぷり詰まったシシの胃と、洗浄し終わった状態（下）

さて、もっとも処理に手間がかかるのが、最後に残った小腸と大腸だ。まず小腸だが、シシの体格の大小にかかわらず、腸の長さにほとんど差がないという特徴がある。じっさい、三十キロにも満たない小ジシでも、腹搔きをして内臓を取り出すと、臓器全体は小振りにもかかわらず、小腸の長さだけは一人（匹）前で、驚かされる。

小腸の洗浄は、最初に五十センチほどの長さに小切りにし、そこに細いホースを突っ込んで、水道水の圧力で内容物（じつは糞）をはじき出す。その上でナイフを縦に入れて裂き、腸の内壁が表に出たところで、ミノの洗浄と同じ要領で、ゴシゴシとひたすら押し洗いに徹する。小腸には、胃で消化したシイやドングリの実のエキス（香り成分）がジンワリと染み込んでいて、焼いて食べる際に、そうした木の実の香りが鼻に抜けて、何とも心地よい。もちろん、ふだんこうした木の実に充分ありつけているシシでないと、この香りは出ない。

私がコレに最初に気づいたのは、椎葉（宮崎）の鉄砲組のシシ猟に同行し、夜、獲物の振舞いにあずかったときだ。椎葉では猟で獲物があった日には、猟師の特権として、その日の晩は臓モツを食べ尽くすまで、焼酎を友に猟仲間と直会（なおらい）を楽しむのである。

椎葉では文字どおり、とれた獲物はいかなる部位も捨てることなく、すべて使い尽くす。そこには、生き物に対する深い尊崇の念と、つましい暮らしの作法が見てとれる。腹搔きの達人である片桐でさえ、さすがに食用にしない部位であっても、椎葉の猟師たちは当然のごとく捌き、食料にしてしまう。この夜の直会でも、ほかの土地ではまず出遭えない〝珍味〟が、囲炉裏の網にのせられ

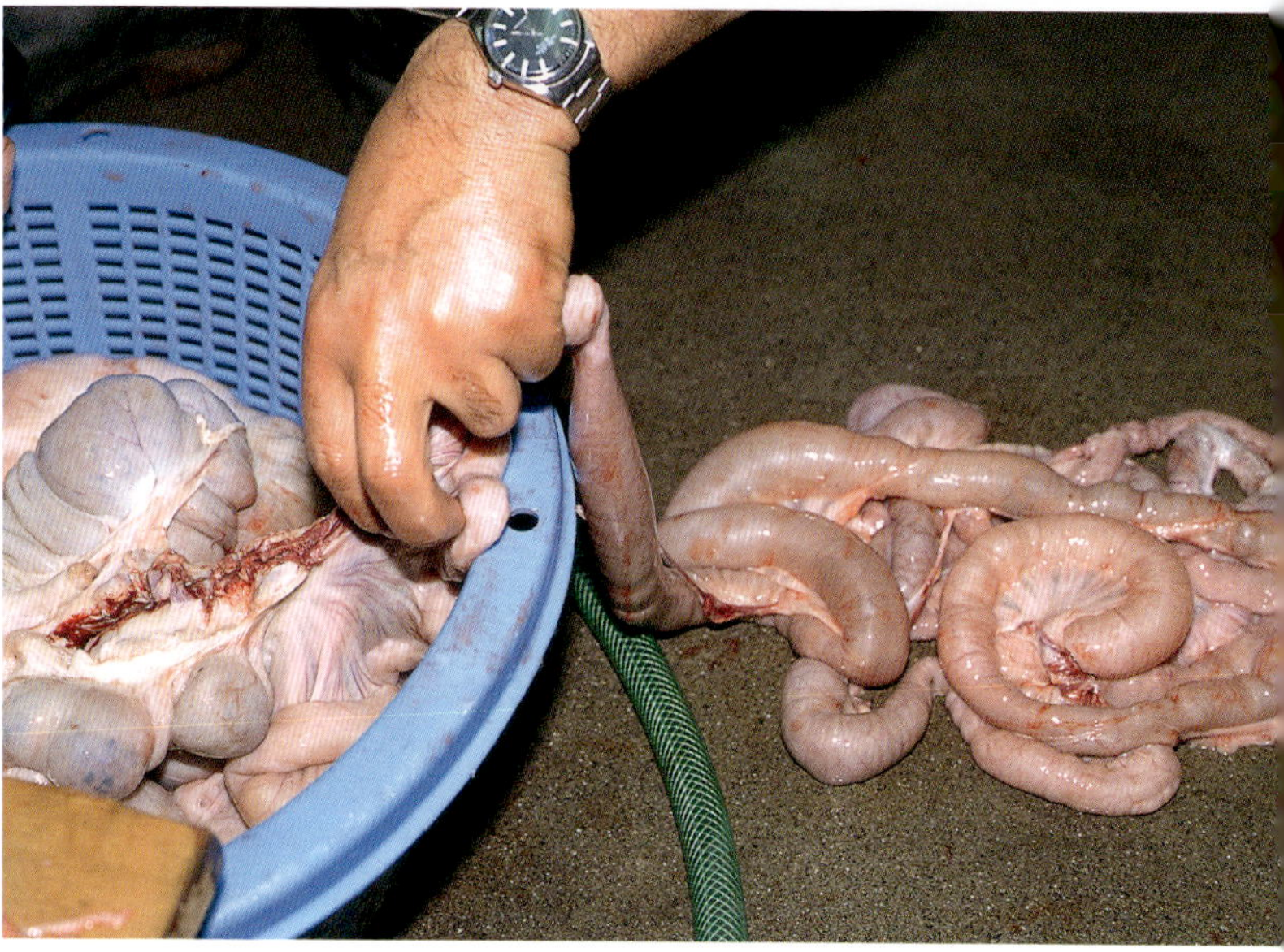

ていた。コウザキ（心臓）や肝臓・腸はもとより、アカフク（肺）やセキノアブラ（横隔膜）まで網の上でいい香りを放っているのには、驚いた。

そして、小腸を箸でつまんで口に放り込んだとき、私はアッと声を挙げそうになった。シコシコとした歯応えはともかく、香ばしい臓モツの焼けた匂いとともに、まさにカシの実（ドングリ）の香り（アク）そのままの風味が口中に広がったからだ。

椎葉の猟師たちはシシの小腸のことを〝ニガワタ〟と呼ぶが、私はこの日、このとき、その文字どおりの意味を実感したのである。なるほど、カシの苦み（アク）が見事に残るワタ（臓モツ）であった。それにしても、ここまでストレートに消化器の一部に餌の持ち味をとどめていようとは、思いもよらないことだった。これが小腸という器官の特性なのだろう。

モツの処理で最後に残るのが大腸（左）と小腸（右）。糞の痕跡をなくせば一等の食材となる

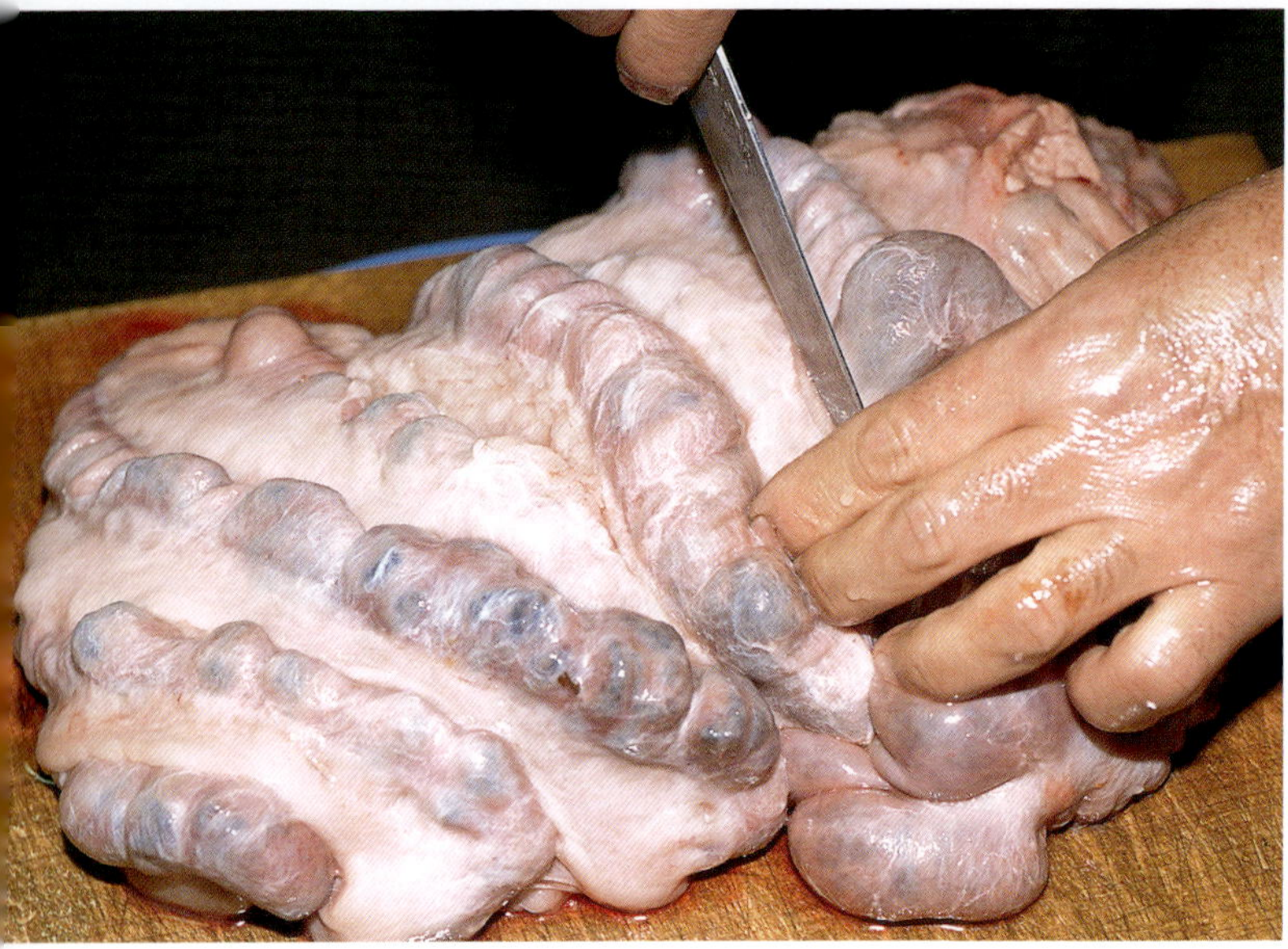

大腸の処置はさらに面倒臭い。薄い膜のような物質（片桐は〝薄皮〟と呼ぶ）で大腸全体がつながれていて、まずこの膜を手もしくはナイフで切るところからはじめる。薄皮（食用になる）の役割は、大腸をしっかりつなぎ留めることで、大腸そのものとほかの臓器への圧迫を極力防ぐことにあるのではないか。その見た目は美しいが、いかにも柔軟性のありそうな膜を見ていると、そう思えてならないのだ。小腸のときと同じように、四十センチぐらいの小切りにしたら、同様にホースで内容物を押し流す。大腸は小腸に比べるとはるかに太く、そこに詰まっている糞もおのずと立派だ。ダンゴが列になって押し合い、へし合いしている感じ、と言えば分かるだろうか。

でも、いちいち目の前の事態に驚いていたら、本物のグルメにはなれない。糞には見て見ぬ振りをして、大腸の食材としての可能性をひたすら信

大腸をつなぐ薄皮をナイフで切り離す。そのあと小切りにして、ホースで糞を押し流す

じるのだ。これも小腸同様に縦に切開し、胃や小腸を洗うときよりもさらに時間と腕力を使い、徹底的に糞の痕跡をなくす。早朝からの罠回りで疲れ切った体に鞭打ち、最後の力を振り絞る片桐を見ていると、「捕獲から解体まですべてをひとりでこなして、はじめて狩猟と呼べるんです」の口癖が思い出される。ちなみに、すでに説明したように、腹掻きの済んだ獲物はひと晩解体場に逆さ吊りにし、あら熱がとれたところで、翌朝、息子（長男）の尚矢の手で皮剝きと枝肉への処理が行われる。片桐には一日も欠かさず罠回りをしなくてはならない役目があるため、腹掻き以降の作業はおのずと尚矢の分担となるわけだ。

丁寧に洗浄した大腸は、小腸よりもシコシコが強く固いが、わずかに脂がのっていて、とても旨い。私は無意識に塩焼きと書いてきたが、竹染の〝塩焼き〟はそんじょそこらの塩焼きとはまるで違う。適当な大きさに切ったモツを塩揉みし、ニンニクの香り付けをしたゴマ油に浸したのち、はじめて焼いて食べることになる。片桐方式の血抜きの効果はモツにも表れていて、どの部位を食べても嫌な臭い（獣臭）はいっさいしない。当然のことながら、こうしたモツは鍋で食べても絶品。味付けは塩のみを使い、加える野菜もニラ、キャベツ、それにモヤシだけ。焼いたときに固い部位も、鍋にすればたいがい柔らかくなるから、歯に自信のない人には鍋がオススメだ。

ただし、モツは客から注文を受けない限り、店では出さない。その旨さの恩恵を受けられるのは、身内や気心の知れた人間に限られる。つまり、モツ料理は〝まかない〟なのである。だが、正肉の本格シシ料理についてはあとでふれるとして、こんなに旨いモツ料理をメニューに入れない手はな

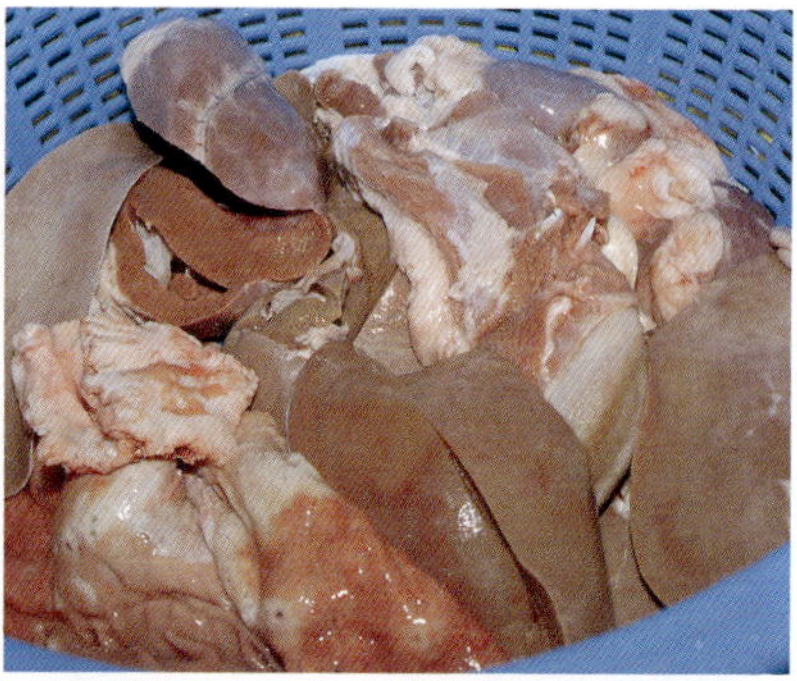

（左上・左中）鉄板でのモツの塩焼き。モツ鍋ともに絶品！
（左下）塩のみの味付けで食べるモツ鍋。旨すぎて、譬えようがない
（右上）カットする前のモツの各部位
（右中）下ろしニンニク入りのゴマ油に浸したところ
（右下）下ごしらえが済んだモツ

い。と、ここでハタと気がついた。片桐は仮にモツ料理をメニューに入れた場合、これが瞬く間に評判になることが分かっていて、注文に応じ切れなくなることを恐れる余り、あえてメニューから外しているのでは？　私も自分の口に入らなくなることを一番恐れているので、やっぱりまかないのままであってくれたほうがいいような気がしてきた。

モツの塩焼きの下ごしらえ。適当な大きさに切ったモツに塩を振りかけ、塩揉みにする

腹掻きの要諦はスピード感

解体については、これでひと通り解説したことになる。関連したことでいくつか書き忘れたエピソードがあるので、フォローしておきたい。

罠場で捕獲した獲物は、四肢を縛り、目隠しをした上でジムニー後部のラック（荷台）にのせることは、何度もふれた。そのとき、片桐はけして無造作にシシを荷台に横たえたりはしない。最初のうちは、素人の私はこれにまったく気付かなかった。

「大きな獲物の場合には、特に気を遣います。背中を下にしては、ぜったい積み込みません。胃袋がでかいので、それが横隔膜を圧迫して、呼吸できなくなってしまう

生け捕りにしたシシは、横隔膜を圧迫しないよう、横向き（横臥）に固定する

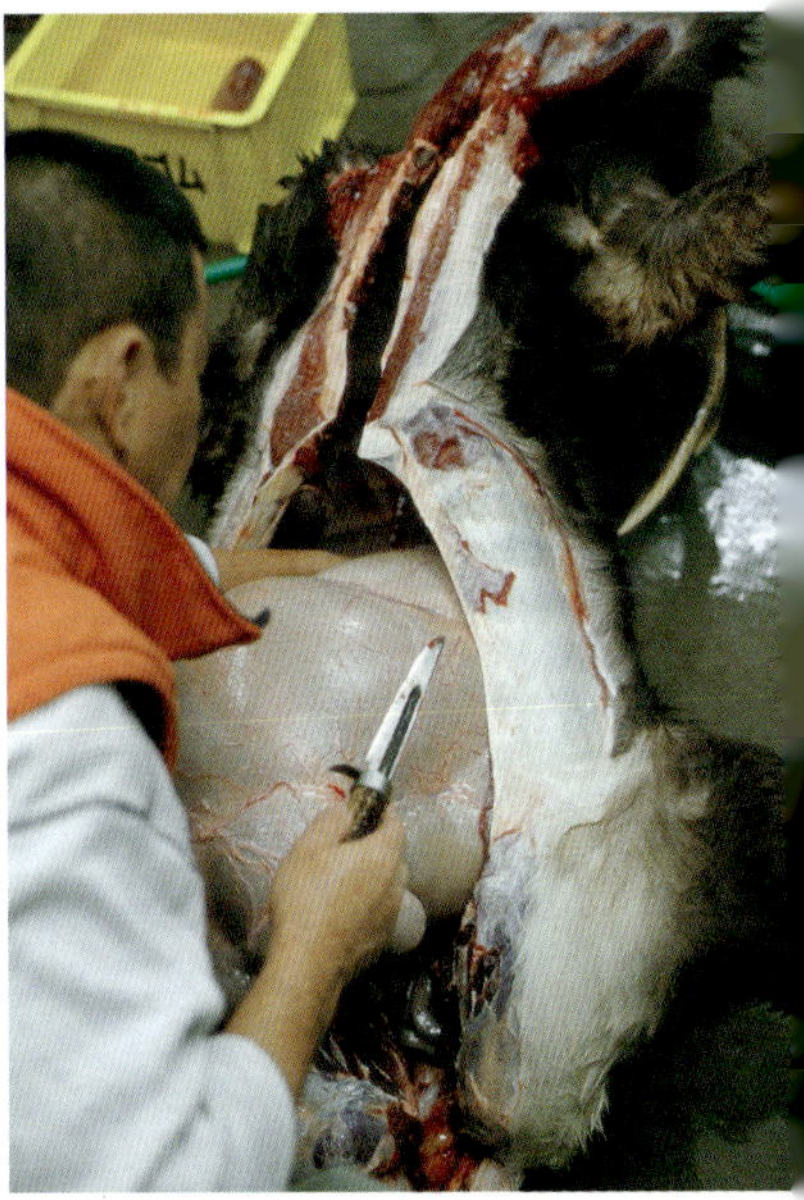

からです。背中が（下に）つくと死ぬ、と理解しているのは、猟師の中でも生け捕りをやっているボクぐらい、かもしれませんが……」

　こうした説明を聞いたあとなら、片桐がラックに生け捕った獲物を積み込む際、慎重にそれを横向き（横臥）に固定するワケが、理解できるのだ。同じことは、シカの捕獲時にも励行されている。ご存じのように、シカは牛と同様の反芻胃の持ち主で、その大きさが半端でない。文字どおり腹腔をひとり占めするほど、バカでかい。腹掻きでまず腹を切り開くと、この巨大な反芻胃がまっ先にとび出してくる。そんなわけだから、大物のシカを捕獲した場合、片桐はその運搬時には、シシ以上に気を遣わざるを得ないのである。

　もう一点、解体に際して、片桐が神経をとがらせていることがある。キーワードは〝スピード〟ということらしい。日ごろ、片桐の緻密で、正確なナイフ捌きを見ていても、鮮やかすぎて、そのスピード感まで意識することはなかった。

「腹掻きには時間との勝負、という一面があります。客商売ですから、お客さんに最高のジビエ

シカの解体。腹を開くと、まっ先にとび出してくる反芻胃に度肝を抜かれる

を堪能してもらってナンボ、の世界なんです。品質へのこだわりがなければ、腹掻きにそんなにナーバスになることもないんですが……」

片桐が恐れているのは〝肉焼け〟なのだ。聞きなれない言葉だが、解体に手を染めた人間であれば、誰でも熟知していることらしい。

「獲物を屠殺したら、一刻も早くそいつの体温を下げてやる必要があります。体温を下げるということは、肉を冷やすことと同義です。ノロノロ腹掻きをやっていたら、胃の内容物が発酵して、四十度をはるかにこえてしまう。肉が品質を保つことができるのは、せいぜい四十一度までなんです。呼吸はしていなくても、生体反応が出ているうちに処理するのが、解体の鉄則です」

思い出すことがある。片桐の罠猟に同行しはじめた最初のシーズン、罠回りを毎日欠かさないと聞いて、私は驚いた。宮崎・日向の名人、林豊でも罠場に出向くのは三日に一度だった。そうすると、どんなことが起きるかといえば、もし罠のどれかに獲物が見回りの二日前にかかっていたとすると、餓死しないまでも、片足をロープにとられて暴れ回る結果、間違いなくその足は壊死（えし）し、そこから肉焼けがはじまる。肉を品質本位で考えたら、毎日罠回りを欠かさないことと、仮に獲物があって解体をする場合、槍で失血死させたのちは、間髪を入れずに腹掻きを済ませることが肝要、ということになる。

とまれ、解体の話の中に生体反応などという言葉が出てくるとは、思いもよらないことだった。ことほど左様に、片桐の狩猟はそのとび抜けたテクニックを支える裏付けとして、豊かな科学的知見により補強されている。「何か参考にしているテキストはあるの？」と質問すると、決まって「猟友会から送られてくる手引き書ぐらいしか読んだことはないです」という答えしか返って来ない。きっと、そのとおりなのであろう。

片桐は徹底的に経験を積むことで、それも試行錯誤の結果をすべて次への糧とすることで、余人には真似のできない狩猟の体系を築きあげた。その前提として、前作『ラストハンター』にも書いたことだが、天竜の山懐（旧龍山村）で少年時代を過ごした片桐には、生まれながらにして豊かな観察眼と狩猟本能、そして自然を読み解く才がそなわっていた。その存在はまさに〝知恵をそなえた野人〟といった形容にふさわしいものだが、こうした表現を使ったところで、片桐の人間性のごく一部しかとらえたことにはならないのだ。

彼は単なる狩人でも、狩猟の名人でもない。片桐の透徹した目は時代を射貫き、惑星の未来を予言する。私が前作に『ラストハンター』というタイトルをつけたのも、まさに彼の存在価値からしぜんに思い浮かんだものだった。だが、常に前向きな生き方を実践してきた片桐にとって、やはりラスト（最後の）の冠は受け入れ難いに違いない。彼は自身最高（ラスト）の狩人であることは認めても、けして最後の狩人にはなりたくないはずだ。

目の前の危機を、ラストハンターはいかに止揚して見せるのか。もう少し、天才狩人の周辺を洗ってみたい。

古東土の古老から相談を受ける
片桐。畑に出没するシシに手を
こまねいていた

五章

果たして、狩猟文化は存立可能か？

鳥獣保護区と有害駆除の不思議な関係

片桐が今、ひとりの猟師としてもっとも危惧しているのが、全国的に進められている鳥獣保護区の削減であるという。保護区が減れば、おのずと狩猟の範囲は拡大するわけで、猟師にとっては歓迎すべきことのように思われ勝ちだが、現実はそう簡単な問題ではないらしい。話の前提として、まず鳥獣保護区について解説しておきたい。

そもそも鳥獣保護区とは、鳥獣保護法という法律に基づき狩猟が禁止されている区域で、国または都道府県が二十年以内の期間で指定する。鳥獣被害防止や個体数調整のため、特別に捕獲を許可する制度（有害駆除）もあるが、期間や数が限られる。国と都道府県を合わせた保護区全体の面積は、平成二十四年末時点で計約三六二万二〇〇〇ヘクタールで、うち都道府県分は八割強の約三〇三万八〇〇〇ヘクタール。ここが問題だが、この都道府県の保護区は同十七年三月の約三一一万九〇〇〇ヘクタールをピークに減少している。

「ボクは単純に保護区を減らすことがいけない、と言っているんではないのです。保護区を設定しておきながら、そこで通年の有害駆除をやる意味が分からない。一般市民でなくとも、何のための保護区かと聞いてみたくなる。これでは一年中猟期がもうけられているると同じことになり、彼ら

（野生動物）の絶滅を早めるだけです」

片桐の怒りはじつにもっともなことだが、もう少し詳しく鳥獣保護区の動静を探ってみたい。都道府県が指定する鳥獣保護区は、平成十九～二十四年度の間に約九万二〇〇〇ヘクタールが廃止・縮小され、うち約七万二〇〇〇ヘクタールはシカやシシ（イノシシ）による被害が原因だった。保護区内に逃げ込むと捕獲できなくなるため、保護区の指定を解除して狩猟範囲を広げようとしたわけだ。ただし、担当者の名誉のために付け加えると、渡り鳥が訪れる海岸を新たに保護区に指定したり、クマが棲む森林の保護区を広げたりして逆に増えた区域も、約二万九〇〇〇ヘクタールあった。

シカやシシによる被害を理由に保護区を削減したのは、三十道府県に及ぶ。長野県が約一万九〇〇〇ヘクタールともっとも多く、次いで岐阜県の約八四〇〇ヘクタール、栃木県の約七七〇〇ヘクタール、熊本県の約四四〇〇ヘクタール、そして五番目に片桐の住む静岡県の約四一〇〇ヘクタールが顔を出す。削減された保護区は、主に獣害の被害を受けやすい山沿いの集落に近い区域が優先された。林野庁の資料によれば、シカによる森林被害は平成二十三年度、過去最高の五七一一ヘクタールに達したという。背景に、ハンターの減少や山村の過疎化などによる被害の拡大があると見られている。

「だから、どうするの？」というところがいちばんの問題なのに、この国では戦後一貫して（？）、獣害（本当は人害）問題を根本から議論することなく、放置してきた。その結果が保護区の削減というのだから、あいた口がふさがらない。もしや、保護区の削減が人間と野生動物の共生にとって最善の策、とでも思っているのだろうか。そうなのだ。彼ら役人の頭の中には、もとより共生などという発想はあるはずもなく、ひたすら野生動物の家畜化に邁進し、あわよくば絶滅に追い込めたら最高、といった程度の貧なるイマジネーションしかないのである。

保護区の削減は、地元の市町村や農家の意見を聴いた上で、都道府県が決定する。都道府県が定めた更新時期に合わせて廃止、縮小するケースが大半らしい。新聞によれば、茨城県では平成二十二年に常陸太田市内の保護区を更新しようとした際、市から意見書が提出され、結果的に更新は見送られた。市には同年四月、地元町会からイノシシ被害を理由に保護区の廃止を求める嘆願書と、住民二百二十二人の署名が届いていたという。こうした流れで次々と保護区が削減されていくとしたら、いずれはこの国から鳥獣保護区は消え、鳥獣保護法も必要なくなるに違いない。

でも、考えてもみてほしい。たとえ、保護区の全廃に成功したとしても、ハンターの減少に歯止めがかかるわけでもなく、山村や中山間地の過疎化が終息するはずもない。むしろ、少ない人数のハンターがさらに広くなった猟場に散らばれば、いよいよ野生動物とハンターが遭遇する機会は減ることになり、結果として野生動物が捕獲される確率が下がることも考えられる。

だが、逆に一時的にせよ、保護区の削減によりシカやイノシシの捕獲数が増えるケースも出てくるかもしれない。現実に、浜松にほど近い掛川市では、同二十一年に市内の里山にあった約一〇〇ヘクタールの保護区を廃止したところ、以前は十頭ていどだったイノシシの捕獲数が二〜三倍に急増（といえるだろうか?）し、山沿いの田畑の被害面積が四分の一に減ったという。このていどの

ことで、真剣に喜んでいいのだろうか。保護区から追われた動物は単に隣町の里山や別の保護区に移動しただけで、掛川で減った被害面積を周辺の市町村が肩代わりするだけなら、何にもならないではないか。まさに〝イタチごっこ〟である。何にもならないどころか、地域間の紛争の種にならないとも限らない。

「最近では、保護区といっても、シカとイノシシに限っては捕獲がOKという狩猟禁止区域がふえてきた。そうした狩猟禁止区域では銃猟は許されても、罠はダメというケースが多い。あからさまな差別というしかない」

片桐の怒りはおさまらない。もちろん、片桐も共生の最善策は奥山に野生動物のサンクチュアリーを取り戻すしかないことは、重々承知している。その上で、野生動物の当面の保護策として、猟期の短縮と有害駆除の規模縮小を訴える。猟期（野鳥をのぞく）に関しては、静岡県では二シーズン前までは四カ月ではなく、

人（シシ？）知れず電波発信器
を林間にセットする片桐

ひと月短い三カ月だった。それを、シカやイノシシの被害が深刻になったという理由で、わざわざ延長した経緯がある。

片桐はとうに分かっているのだ。たとえ猟期をひと月短縮したところで、野生動物と人間の共生関係を築く理想には、何ら力にならないことを。同様に、仮にシーズン外の有害駆除をやめても、問題の根本解決になるなどとは、夢にも思っていない。そんなことよりか、針葉樹に手をつけないまでも、人間が立ち入れる領域（山）に制限をもうけることのほうが、野生動物にとって余程プラス（ため）になると考える。いずれにしても、今後まだ〝害獣対策〟などというものに現（うつつ）を抜かしたいのであれば、惑星（地球）本意で考えたとき、〝史上最悪の害獣〟であることが明々白々な人間を、まずいかにコントロールするかからはじめるべきだろう。口先だけの共生を口にするのは簡単だが、（人間）みずからの所業は棚に上げておいて、理想だけを語るパターンはそろそろやめにしたほうがいい。はっきり言って、もうそんな悠長な時間は残されていないのだ。

悠長な時間は残っていない……。抽象論をぶっても何の役にも立たないので、具体的な数字を交えつつ、現在、この惑星の生物が直面している危機について、読者諸兄と一緒に考えてみたい。危機とはすなわち〝絶滅の危機〟のことであり、ノーマン・マイヤーズの推定では、地球上では一年間にじつに四万種もの生物が絶滅しているとされる。単純計算して十年で四十万種、この数字を大きいとみるか、小さいとみるか……。ただひとつ言えることは、この惑星の帝王であり、神である人間は、これまでのところこうした事態をまったく意に介さず、「成長と繁栄」とやらの題目を金科玉条として、おのが利益だけを求めて突っ走ってきた。

一方で、我々は現在、六回目の大絶滅時代を迎えている。生物の絶滅といえば、約六五〇〇万年前に起きた恐竜の絶滅が有名だが、約二億年にわたって地上の春を謳歌していた恐竜は、隕石の地球への衝突であえなくその繁栄に終止符を打った。地球上では、このような大絶滅がこれまでに五回あったと考えられている。そして今、我々は六回目の大絶滅時代を迎えているわけだが、今回はこれまで五回の大絶滅とまったく様相（意味）を異にしている。前五回の大絶滅はその原因が隕石をはじめとする不測の天然災害であったのに対し、今回は乱獲や開発といった人間社会が引き起こした未曾有の攪乱が〝犯人〟であるからだ。

食物連鎖の連環を断ち切った人類

一年間に四万種が絶滅していると書いたが、今後さらに、地球の自然環境は猛烈な勢いで悪化することを考えれば、一年に四万種などと平均的に絶滅するはずもなく、この先十年間で四十万種という絶滅予測は何の指標にもならない。その十倍、いやその百倍であるかもしれないのだ。ところで、国際自然保護連合（ＩＵＣＮ）はほぼ毎年、世界の野生生物一種ごとに絶滅危機の度合いを評価している。すでに消えてしまった「絶滅」、人の保護の下でしか存在しない「野生絶滅」、絶滅の恐れが高い「深刻な危機」などのランクに分けて、一九六六年から発表している。同年に作成された最初のリストの表紙が赤色であったため、以降「レッドリスト」と呼ばれている。

最新の二〇一二年版のレッドリストには、計二万二一九種の絶滅危惧種が掲載されている。しかし、この数字を鵜呑みにしてはいけない。魚類や無脊椎動物などは調査が十分に進んでおらず、研究が進めばさらに多くの種の危機的状況が明らかになる可能性があるからだ。では、国内においてはこの深刻かつ、急を要する問題に、どう対応しているのだろうか。環境省は国内の生物について、同様のレッドリストを平成三年（一九九一）から公表、約五年ごとにリストの見直しをしている。第四次レッドリストが最新版で、ことし（同二十五年）二月に「汽水・淡水魚類」のリストが公表された。これで哺乳類や鳥類、爬虫類、維管束植物など十分類のリストが出揃った。

その内容をチェックする前に、環境省作成になるレッドリストの分類を押さえておきたい。環境省の分類では、ＩＵＣＮのランクと同様、〝絶滅ピラミッド〟の頂点に「絶滅」「野生絶滅」をおき、その下にＩＵＣＮの「深刻な危機」にあたる「絶滅危惧種」を位置付けている。さらにこの絶滅危惧種をその危機的度合いに応じて三つのグレードに分け、上から（危機的度合いが高い）順に〝絶滅危惧ⅠＡ類〟〝絶滅危惧ⅠＢ類〟、そして〝絶命危惧Ⅱ類〟とランク付けしている。さらに、これら三グレードの絶滅危惧種の下に、ご丁寧にも「準絶滅危惧」というランクをもうけている。

それぞれの分類には簡単な定義があるので、それも紹介しておきたい。「絶滅」は〝日本ではすでに絶滅した種〟、「野生絶滅」は〝人が飼育・栽培したものだけが生きている〟、「絶滅危惧ⅠＡ類」は〝近い将来、絶滅の危険性が極めて高い〟、「絶滅危惧ⅠＢ類」は〝ⅠＡ類ほどではないが、絶滅の危険性が高い〟、「絶滅危惧Ⅱ類」は〝絶滅の危険が増えている〟、そして「準絶滅危惧」は〝現時点で絶滅の危険は小さいが、可能性がある〟と、おのおの括られている。その危険性は小さいにせよ、絶滅の可能性が否定できないのなら、〝準〟などという玉虫色のランクをもうける姑息な手を使わず、正々堂々と絶滅危惧Ⅱ類の中に取り組むべきだろう。個人的には、絶滅危惧種に三つのランクをもうけること自体、多すぎると思っている。

さて、最新のリストでは、昭和五十四年以降目撃例がないニホンカワウソや、一九七〇年代以降目撃されていない猛禽類のダイトウノリスなどが新たに絶滅種に指定されている。絶滅種ではほかにニホンオオカミなど動物四十七種、植物六十六種の名前が挙がっている。野生絶滅（種）で有名なのはトキだが、これには動物三種（トキをふくむ）、植物十三種がリストアップされている。オオカミに関し、害獣対策の行き詰まりもあってか、別の大陸から別種（亜種）のオオカミを導入したらどうかなどという無責任な意見がまかり通っているが、こんなレベルだから、この国ではいつまでたっても真っ当な共生についての議論がおこらないのだ。

絶滅危惧種はⅠA類・ⅠB類の合計が動物六六〇種、植物一三五一種。危惧二種が動物六七八種、植物九〇八種で、絶滅危惧種全体としては動物一三三八種・植物二二五九種の計三五九七種となっている。前回のリストと比べると、四百種以上増えている。その中には、日本各地の河口域に生息していたハマグリも、新たに絶滅危惧種に加わった一種として顔を出している。一九八〇年代以降、干潟の埋め立てや護岸工事などで生息環境が悪化し、漁獲量も七〇年代の二割以下まで落ち込んでいる。「東京湾がキレイになった」などと、暢気なことを言っている場合ではないのである。

今さら、という気がしないでもないが、ニホンウナギも新たに絶滅危惧種の仲間入りをしている。これまで詳しい生態が分からず、「情報不足」（準絶滅危惧のさらに下のランク）に区分されていたニホンウナギは、国内の漁獲量が大幅に落ち込み、養殖で使う稚魚のシラスウナギも不漁だからと、環境省は指定に踏み切ったのだという。ちょっと待ってほしい。漁獲量の深刻な落ち込みや稚魚の不漁は、すでに三、四十年前にははじまっていたことであり、情報不足云々の問題ではない。単に役人はニホンウナギを危惧種指定する気がなかったのであり、そうでなければ、指定したらまずい理由が何かあったのかもしれない。いずれにしても、今ごろニホンウナギを絶滅危惧種に指定したと知れたら、子どもにだって物笑いの種にされかねないのである。

それはともかく、絶滅危惧Ⅱ類では動物六七八種・植物九〇八種の計一五八六種、準絶滅危惧種には同じく動物九五五種・植物四二二種の計一三七七種がリストアップされている。準絶滅危惧種の数の多さには驚くが、その具体例としてトド、エゾナキウサギ、トノサマガエルなどの名前が挙がっているのを見ても、〝準〟などとしないで、最初から絶滅危惧種に取り込んでも何ら不自然でないと思うのだが……。

絶滅危惧種の三ランクをつくづく眺めると、聞き覚え・見覚えのある動物の名前が並んでいる。ⅠA類ではイリオモテヤマネコ、ラッコ、ジュゴン、コウノトリ、ヤンバルクイナなど。ラッコも日本の海にいるんだと、今さらに感動し、一方でそれほど遠くない未来に確実に絶滅の運命をたどるのだと思うと、居たたまれない気持にもなってくる。ジュゴンも沖縄の米軍基地移転によっては絶滅が一気に早まるかもしれず、人間の営為の罪深さに改めて頭が垂れてしまう。

ＩＢ類にはアマミノクロウサギ、イヌワシ、ライチョウ、ニホンウナギ……。若いころ、立山の登山道で偶然ライチョウにでくわしたことがあるが、そのときはこれが最初で最後の対面であろうと悟り、番（つがい）のライチョウに手を合わせた記憶がある。それが、いまだ絶滅危惧種として何とか余命をつないでいるといっても、いつ絶滅種の仲間に入ってもおかしくない状況に、変わりはない。もちろん、生存のキャスティング・ボートは人間が握っているわけだが、こんなことがいつまでも許されるはずがない。神が不在をやめたとき、我々にはどんな天罰が下されるのだろうか。

以上で、レッドリストの概要はつかんでいただけたと思うが、大事なことが抜け落ちていると感じないだろうか。そう、絶滅危惧種に指定されると保護が進むのか、という素朴な疑問だ。環境省の野生生物課の担当者は、新聞のインタビューに「レッドリストは野生生物の保護を進めるために、広く活用されることを目的に作られたもので、法的規制などの強制力はありません」と、答えている。一方、絶滅危惧種を保護する法律として、「種の保存法」がある。同法の〈国内希少野生動植物種（国内希少種）〉に指定されると、いちおう捕獲や採取、譲渡などが禁止される。

ただ、これまでに指定されたのは、ヤンバルクイナやイリオモテヤマネコ、イヌワシなど九十種にとどまっている。レッドリストに掲載されている全絶滅危惧種の数三五九七種と比べるとき、いかにも少ないと思わないか。絶滅危惧種の増加は止まらないどころか、今後急増が予測されているというのに、対策はまったくの後手に回っている。最近、国会で種の保存法の改正案が審議されたが、質問に立った議員からは、「国内希少種の指定が九十種は少なすぎる」との指摘が相次いだらしい。当然のことだろう。環境省は二〇二〇年までに三百種を追加指定し、二〇三〇年までにさらに三百種の指定を目指したいとしている。

だが、指定の数をふやせば済む問題かというと、まったくそうではない。同様に、捕獲や採取、また譲渡などを禁止したところで、危惧種の増加に歯止めがかかることはなく、また生物の絶滅も終息しない。『自然の終焉』のまえがきで、大谷幸三は次のように総括している。

> 人類はその百八十万年の歴史を、自然の一部分としての役割を果たしながら、生きのびてきた。その意味において、私たちは自然界の食物連鎖の一部でさえあった。その間、種の絶滅の危機に瀕したことも一度や二度ではなかったろう。
>
> だが、私たち人類はその連環を断ち切り、二十世紀という科学技術のおごりの時代を経験した。そして今、支払い不能な巨額のつけが回ってきた。二度と再び大自然が私たちをつつみ込み、いつくしんでくれる日はこないだろう。
>
> （傍点筆者）

大谷の言うとおりだと思う。奢（おご）りの果てに、我々は支払い不能な巨額なつけを抱え込んでしまったのだ。「（人類は）自然界の食物連鎖の一部でさえあった」という地平にもどれない限り、生物の絶滅は一瞬たりとも止むことはなく、我々は日一日と、また確実に終末へと向かっていくことだろう。奢りの絶頂にいる人類は、もはや食物連鎖の連環の中に帰ることなど、想像することすらできないはずだ。とすれば、大谷が言うとおり、大自然が我々をつつみ込み、いつくしんでくれる日は、二度とふたたびくることはないだろう。要は、我々みずからの意志で滅ぼした〝自然〟に殉じるしか、ほかに手はないのである。

『後狩詞記』が書きとめた九州山岳の狩猟民俗

さて、鳥獣保護区の問題と並んで、片桐が大いに疑問を感じているのが狩猟免許の与え方についてである。これに関しては、前に遊興で鉄砲（猟）をやるくらいなら、免許を与えるべきでないという片桐の基本的立場を、明らかにしておいた。片桐が別の意味で心配しているのは、まったく逆のベクトルから提起されている問題にもみえる、免許の取りにくさに関するものである。まずは本人から説明してもらおう。

「銃が誰でも気軽に所持できるアメリカなどとは違って、日本では極端に難しくなっている。ここ数年は、いっそうそうした傾向が強まってきた。犯罪防止を考えてのことでしょうが、ここまで厳しくなると、免許を取得できる人間がいよいよいなくなり、ひいてはこの国の狩猟文化を屠(ほふ)ってしまわないかと、心配しているんです」

片桐はふだん、罠猟とはライバル関係にある鉄砲組の仕業については、餌付けを除けばほとんど無関心を装っている。餌付けは猟期中は合法だが、それに頼るのは邪道で卑怯というのが、片桐の信条だ。というより、「他人の獲物を羨んだってはじまらない。好きな場所で組猟をし、好きな場所に罠をかければいいんです」のひと言が、片桐の狩猟に対する根元的なスタンスをよく表している。片桐自身も、カモ猟（猟期は三カ月）の初猟（11／15）と終猟（2／15）の日には、みずから散弾（つまり鉄砲）を携えて、一族でカモ撃ちを楽しむ。罠猟の腕に劣らず、鉄砲においても片桐の技量は一頭地を抜いている。だから、ルールに従っている限り、鉄砲組だからといって彼らを中傷する理由は、どこにもないのである。

ところで、狩猟免許には鉄砲と罠の別があり、ともに毎年免許を更新する必要がある。更新には書類審査、面接、学科試験、実技等が課せられる。鉄砲の免許に

シーズン中に２日間だけ、片桐は散弾を使ってのカモ猟に出る。写真は天竜川の河原でのスナップ

は一種と二種があり、一種はいわゆる〝装薬銃〟を使うクラスで、火薬の入った弾を用いることができる。二種は空気銃やガス銃を使うランクで、一種の免許をもっていれば自動的に二種の銃の使用が可能だ。銃の申請に際しては、万が一のことを考えて、警察は申請者の身辺・財産などを細かく調べるらしい。その上、一種の中でもライフル（施条銃＝一発弾）の申請には、散弾銃での十年の使用実績（経験）が必要であるという。

なるほど、片桐が指摘するとおり、鉄砲、とくに一種の免許取得は難関かもしれない。しかし、このことと狩猟文化の衰退とは、分けて考える必要があるだろう。このあと狩猟文化についてはじっくり考えてみたいと思うが、鉄砲の免許の取りにくさに関しては、それが飛び道具であるだけに、私は積極的に銃の肩をもつ気にはなれない。誤射による人身事故、また家畜の被害もあとを絶たず、そうした点からも銃免許の取得水準を緩めることには、おのずと躊躇せざるを得ないのだ。現行のままでも、片桐の一族はふたりの息子はもとより、嫁に出した娘や長男の嫁までも銃免許（それも一種）を所持できているのだから、現在の規制レベルが極端に高いとは言い切れないだろう。

それよりも何よりも、罠猟という猟法の価値をもっと認め、鉄砲に頼らない狩猟が主流になる時代がきてもいいのではないか。片桐は餌付けによる猟を邪道で卑怯とするが、私からすれば飛び道具である銃の使用こそ、なおさら邪道と思えて仕方がない。猟に鉄砲が普及する以前には、間違いなく罠だけの時代があったはずであり、この際、もう一度罠猟の猟法としての可能性を突き詰め、狩猟新時代の到来を期すぐらいの情熱があってもいいのではないか。これが、片桐の究極の罠猟に

竹林のウツに弁当箱を仕掛ける
片桐。罠猟の価値がもっと認め
られてもいいのではないか

長く同行した私の、偽らざる所信である。

いみじくも、片桐の口から狩猟文化という言葉が出てきたが、狩猟がハンティングへと変質し、遊興化した現実の前で、これをどうとらえるかは、かなりの難題に違いない。狩猟文化と言ったときに、私が真っ先に思い浮かべるのは柳田國男の『後狩詞記（のちのかりことばのき）』だ。柳田みずから「日本民俗学の出発点」と自負する著作である。これに対する批判は拙著『山人の賦、今も』に書いておいたので、ここでは繰り返さない。『後狩詞記』は、九州山岳における近代初期の狩猟生活を克明に書きとめた資料として、今なおその価値はいささかも減じていない。

はじめて本書の存在を知ったという読者のために、改めてこの著作の構成と内容を大づかみに紹介しておく。まず、柳田の手になる序は、阿蘇の男爵家に伝わる掛け軸（下野の狩の絵）の話からはじまる。ここに私が〝柳田の手になる〟とわざわざ断ったのは、『後狩詞記』において柳田が実質的に筆をとったのはこの序文のみで、あとは当時の椎葉村長、中瀬淳（すなお）に送らせた狩伝書の写しと、村長みずから執筆した狩猟民俗誌から構成されているという事情があるからだ。だから、『後狩詞記』は柳田の〝編著〟になる作品というよりも、実質的には〝編〟だけの本といっていいのかもしれない。

それはともかく、序文は掛け軸の話から日本における狩猟の歴史へと展開し、『狩詞記』（中世末期に記された狩猟用語と習俗集）を引いて『後狩詞記』出版の意義を説く。後半では椎葉の産業と暮らしに踏み込み、焼畑についての伝聞を披露している。「山におればかくまでも今に遠いものであろうか。思うに古今は直立する一の棒ではなくて、山地に向けてこれを横に寝かしたようなのがわが国のさまである」という言い回しに、若き参事官の驚きが素直に表出されている。

焼畑とともに柳田の興味をひいたのは、椎葉の家の造りだった。急斜面の山腹を切りひらいて敷地をつくるため、おのずと奥行が短く横に長い家となり、いわゆる〝椎葉造り〟と呼ばれる構造をなす。むろん、彼がこうした興味を抱いた背景には、不土野（椎葉村の字）の那須源蔵家をはじめとする旧庄屋クラスの家に止宿した実体験が生きている。

直径15ミリほどのシカの糞（上）と、同じく威風堂々（?）としたシシの糞（下）

序に続くのは、中瀬村長が書き送って（狩猟民俗誌）、柳田が編集した〈土地の名目・狩ことば・狩の作法・色々の口伝〉の各項目である。土地の名目は野本寛一（民俗学者）が言うところの「山地地理民俗語彙」というべきもので、椎葉で昔から使われている四十一の名目が選ばれている。これら複雑な語彙群に接しただけでも、椎葉の山の文化がいかに高度に発達していたか、容易に想像できるはずだ。次に続く狩ことばは「狩猟民俗語彙」で、三十一語を収録する。これも圧巻の語彙体系で、土地の名目と合わせて眺めたとき、つくづく日本の山村民俗の豊饒に目を見張る。語彙の実際については、このあと現役猟師の口から直接語られるだろう。

狩の作法は狩猟儀礼伝承をまとめたもので、そのまま猟の実技篇にもなっている。後半に挿入された罠猟の記述、さらには狩猟に伴う獲物の所有権争い、裁判の事例も興味深い。ただし、紛議はけして警察沙汰になったり、裁判所にもち出されることはなく、庄屋などの村の長老が判士役を買って出て、つとめて内々に、かつ円満に解決されていたらしい。狩猟民俗誌の最後のパートに組み入れられたのが「色々の口伝」。猟に関する実践的なひと口アドバイスともいうべきもので、七つほどの短い心得が併記されている。柳田はみずから書いた序には、「この人（中瀬村長）には確かに狩に対する遺伝的運命的嗜好がある」と書かれているが、私が調べた限りでは、村長がじっさいに猟をしたという形跡はない。しかし、身近に腕のいい猟師が何人もいて、その彼らに取材して「色々の口伝」を書き綴ったであろうことは、想像に難くない。

猟の核心にふれた口伝をいくつか紹介してみたい。

猪を見ずしてその大小肥瘠を知ること

蹄の跡小さくとも地中に印すること深きは大。

蹄の跡小さくとも跡と跡との距離長きは大。

蹄の跡大なりとも地中に印すること浅きは瘠肉なり。

蹄の跡に立つ形あるものは多くは瘠肉なり。

蹄の跡の向う爪と後爪との間広がりおるものは猪が疲憊せる兆なり。疲憊せる猪は遠くへ往かず、近所に潜伏するものと見る。

蹄の跡の雪中に印するものは、小猪なりとも大猪と見誤ることあり。日射のための蹄跡の雪融解すればなり。

猪の肉量を知ること

臓腑のみを除きたる丸のままの猪ならば、これに六を掛くれば純肉の量なり。ただしこれは十貫目以内の猪のことにて、十貫を超ゆる者は大概七を掛け、二三十貫目の大猪となれば八を掛くるなり。その残りは骨または蹄などなり。

銃声を聞きて命中と否とを知ること

トンと短く纏まりたる反響は命中とす。

トーンと長く散じたる反響は不とす。

どの口伝も、その背後に長い時間と経験の蓄積が感じられ、おのずとこの土地（椎葉）が古来狩猟の盛んな山里であったことが知れる。最初の、足跡からシシの大小肥瘠を知る口伝は、まさに片桐が現実の猟で判断基準にしているデータそのままだ。むしろ、椎葉の〝知恵〟のほうが、より深いかもしれない。特に、「蹄の跡に立つ形あるものは――」と「蹄の跡の向う爪と後爪との間――」のふたつの口伝などは、猟を知り尽くした人間ならではの、研ぎ澄まされた観察眼が感じられる。当時（明治末）すでに、こうした狩猟民俗は全国的にみても貴重なものとなっており、それを資料として残した一点だけをとってみても、『後狩詞記』出版の意義は小さくなかったのである。

狩猟が文化であるための条件とは？

さらに驚くことに、柳田（じっさいは中瀬村長）が記録したこの価値ある狩猟民俗は、今なお椎葉の深い山里に生き長らえている。その第一の伝承者は、尾前（椎葉村の字）在住の尾前善則（よしのり）だ。尾前は自他ともに認める椎葉の現役最高の猟師であったが、高齢のために、最近は出猟機会もめっきり減ったらしい。しかし、その猟の腕もさることながら、尾前の本当の存在価値は、狩猟儀礼の正統な伝承者という点にこそある。単独で、もしくは弟の義和や息子の一日出（かずひで）などとチームを組んで行う猟（鉄砲）は、今でも万事が伝統的な狩猟儀礼にのっとって運ばれる。柳田が『後狩詞記』に書きとめた狩詞が、そのまま猟の現場での呪文や唱え言の中に、生きた形で語られる。

たとえば、山中で獲物を仕留めたとき、山の神に感謝の気持を込めて、その場でシシの肉片を捧げながら、こんなふうな唱え言を口にする。

「山の神とコウザキ殿（犬の神）にヤタテ（仕留めた合図＝鉄砲による）を撃って上げ申す。火の車にお上がりなさってたもり申せ。よく聞いてたもれ、また獲れるように」

このほか、獲物の尻尾（灰払い）を切るとき、猟期がはじまるとき、あるいは山の神の祓いやシシ祀り（神楽のときの神事）の際などにも、呪文は唱えられる。狩猟儀礼の貴重な実践者である尾前はまた、猟にまつわる各種伝承の語り部でもある。私が特に関心をひかれたものに、ウーリューシ・コリューシに関する物語がある。ウーリューシは欲の深い猟師、一方コリューシは欲のない真面目な猟師。ストーリーは窮地に立った山の神（女神）をコリューシが救い出すことにはじまり、その結果、山の神から毎日獲物を恵まれることになる。そこで、コリューシの妻はせっせと獲物を携えて町に売りに出る。

あるとき、その妻は水鏡に映った己が姿を見て、愕然とする。獲物を毎日頭にのせて運んでいたため、髪の毛がすっかり抜け落ちてしまっていたのだ。気落ちした彼女は川に身を投げて、死んでしまう。やがて海に流れついた死体はオコゼに変身する。夫のコリューシはそのオコゼを山にもち帰り、丁重に祭ったという——。

これが、いわゆる〝オコゼ祀り〟の起源で、近年でも椎葉の猟師たちは獲物を一頭獲るごとに、半紙にくるんだオコゼを山の神に捧げていた。この説話が伝えようとしていることは、単に真面目な暮らしのススメというよりも、必要以上のものは獲らないという戒めの意味合いが強い。そこで思い出すのは、前に紹介した椎葉の猟師たちが日ごろ口にする「のさらん福は願い申さん」という格言だ。コリューシの説話と同じ意味合いをもつものと考えていいだろう。

これら説話・格言と関連して、尾前が実際の猟で守ってきた猟の作法に、「サカメグリ」というのがある。覚えの悪い筆者の頭では、何度聞いても完全には咀嚼できていないが、その大略だけを述べてみたい。サカメグリとはもともと〝時計回りとは反対〟の意味があり、ここに旧暦（農家暦）の干支が絡んでくる。農家暦では方位が干支で示されているが、椎葉の猟師たちはこれに磁石（に描かれた干支）を合わせ、その方角には猟に入ってはいけない、という禁忌を定めている。

「たとえばきょう、寅の方角（自分の家からみて）にカクラ（シシの潜伏場所）を見つけたとします。するとサカメグリではこのあとの十二日、猟師はその方角へはぜったい入れないことになっている」

尾前の説明のあとをフォローしよう。運よくきょう、寅の方角でシシを仕留めたとすると、あとの十二日間（十一日間か？）はこの方角には猟に入れない。そのとき猟師たちはどうするかといえば、時計回りとは反対（つまり左回り）にひとつずつ干支（方角）を選び（ずらし）、その方角を猟場にしていく。そこにはおのずと資源保護の発想をうかがうことができ、椎葉の一部の猟師たちはそれを狩猟の最低限のルールとして、今日までかたくなに守ってきたのである。猟の作法が廃れた今、我々はみずから保護区だの休猟区といった規制をかけている。それさえも崩れはじめたことは、先に見たとおりだ。

そこで、改めて片桐の危惧する〝狩猟文化の衰退〟の問題を考えてみたい。柳田が『後狩詞記』に書き留めたのは、たしかに九州山岳の狩猟民俗であり、狩猟文化であったと思う。そうした民俗・文化のメッカであった椎葉でさえ、最近では伝統に則さない猟に変質しはじめている。椎葉でも、猟犬が首に無線発信機をつけて走り回る時代を迎えているのである。いわんや、餌付けをしてまで一頭のシシを得ようと汲々としている遠州の猟師に、果たして片桐の思いは届くだろうか。

1頭とるごとに、片桐は専用の狩猟ノートに雄・雌の別、体重（解体場で計測）、捕獲月日を記入する

たしかに、片桐個人は椎葉のそれと同レベルとは言わないまでも、猟の作法に最大限準じた狩猟を励行している。たぶん、片桐は銃を所持しなくても、この狩猟スタイルを貫き通すはずであり、ゆえに銃の（所持の）規制強化と狩猟文化の衰退とは、直接的にはつながってこないのではないか。やたらな事は言えないが、銃をもったからといって山の神への感謝の気持が深まり、自然への畏敬の念が高まるとも思えない。

本音を明かせば、読者の声に推されて本稿の執筆を思い立ったとき、いみじくも片桐の口から出た〝狩猟文化〟について、拙稿の中で主要テーマのひとつとしてじっくり考察してみたいと、最初は思っていた。しかし、結論としては、これまでたどってきた中で明白となったように、それ（狩猟文化）を書くにはちょっと時代が進みすぎたように感じてならない。妙な言い方だが、狩猟が文化であるためには、人間と野生動物の関係がもう少し対等であらねばならず、人間のサイドで相当な自制心を利かせない限り、そこに文化は育まれることはないだろう。

野生動物の本来の棲息域を完全に奪い、彼らを見事家畜化した状況で、そこに真っ当な狩猟文化が育つだろうか。だから、私は本書を通して狩猟文化の〝華〟を書くことは、早々に諦めていた。では、今の時代に狩猟を通じて書けることは何なのか？　幸い、私の身近には当代一の罠猟師、片桐がいてくれた。彼の経験の中から、彼自身の言葉でしゃべってもらうなら、〝狩猟の未来〟を垣間見ることができるかもしれない。そんな思いでここまで書きつなぎ、いましばらくこの考察を続けたいと思う。お付き合いのほどを！

それぞれの想いで獲物を見つめる６人の受講生。これは２匹目にとれた53キロのメス

六章

自然と生き物の現在（いま）にふれる実地体験

東京からやってきた片桐スクールの入学者

猟の現場にもどりたい。その前に、ひとつ書き忘れたことを思い出したので、忘れないうちに記しておく。とても大事なことだ。それはクマのことである。ビル・マッキベンが、「（クマは）われわれの動物園の生きものになり、いまでは最高の猟犬と同じ地位を多少なりとも確保している」と書いたクマである。片桐は例によって鋭い観察眼で、クマ（ツキノワグマ）のおかれた立場を、より突っ込んで分析している。

「クマはなるほど食物連鎖の頂点に立っているけど、環境への順応能力がとても低い。身の回りの諸条件が充分整っていないと、生きられない。冬眠ひとつとっても、しっかり冬を越せる〝家〟（雪）がないと、冬眠をやめてしまう。その点、シカやイノシシは順応性が高いから、どんなに回りの環境が変わっても生きられる」

「だいぶ前から、ツキノワグマの絶滅が近いと取り沙汰されていますが、この順応性の悪さを考えたら、当然のことなんです。クマの行動範囲は一日に五十キロと言われています。この国に、五十キロもかなき山（雑木の森）が続く土地がありますか？　戦後、拡大造林が行われたとき、すでにツキノワグマの運命は決まっていたんです」

何とも説得力ある説明ではないか。これでは狩猟文化もへったくれもないはずである。この国には、この惑星には、そもそも狩猟文化を語る〝土俵〟がなくなっていたのである。ついそこに矛先が向かってしまうが、もう少し片桐にクマに関する興味深い裏話を開陳してもらおう。

「豊かな自然環境があれば、クマはシシとの共存も可能です。同じウツを利用して、仲良く暮らせるはずです。クマはシシよりも上位にいるのに、シシを恐れてシシを食べ物とは認識していない。シカは餌と見なしているのに……」

「クマはなぜシカを襲うかといえば、犬歯をもっているからなんです。その点、犬歯のないシシは死んだシカを食べたり、弱ったシカを襲ったりしても、元気なシカを追いかけることは、けしてない」

クマもシシだけは恐れるという話を聞いて、私は改めてシシの怖さを再認識した次第。野生動物にとっての犬歯のもつ意味も、ことほど左様に深かったのである。ところで、片桐が罠猟をはじめたごく初期に、一度だけクマが罠にかかったことがあったらしい。そのときも、片桐はクマを生け捕りにしたかって？

「滅相もない。それこそ正真正銘の自殺行為です。クマはシシと比較にならないくらい怖い存在。基礎体力がまるで違うことに加え、〝手〟が自由に使えることが最大の武器なんです。人間なんか簡単に手ではね飛ばされ、押さえ込まれてしまう。その上、牙（犬歯）で噛み付くこともできる。体が柔らかいのも、クマの特徴のひとつですね。これも武器になります」

つまり、クマが罠にかかった場合には、射殺しか手はないということだ。それほど屈強なクマであっても、環境への順応性が劣るという理由で、真っ先に絶滅への道を突き進んでいる。食物連鎖の頂点にいるからといって、けして安泰ではなかったのだ。本当の頂点にいるのはまさしく人間であり、クマはその無慈悲な包囲網から逃れられなかったのである。

「シカとクマの関係で面白いのは、シカは黒い犬はすべてクマと判断し、必死で逃げようとします。同じ行動をとるのがミツバチですね。黒いものは何でも蜂蜜を狙うクマと見なし、すぐに襲いかかるでしょう？　だから、ミツバチの巣箱に近付くときは、黒いものを身につけていてはぜったいダメなんです」

ハチと〝黒〟の関係は宮崎の養蜂家からとくと聞かされていたが、シカにも同じ習性があるとは、まったく知らなかった。

片桐スクールでは毎回発見の連続で、野外授業をふくめて、これほど楽しく学べる学校は、世界広しといえどもほかにはないだろう。一月中旬、そんな片桐スクールへ時ならぬ入学者があった。生徒たちは車を連ねて、東京からやってきた。

これには伏線があった。去年の夏、私は東京・渋谷の某書店から講演の依頼をいただいた。売り場の担当者（店員さん）が前々から拙著（『罠猟師一代』『生きている日本のスローフード』『ラストハンター』など）に注目してくださっていたとかで、よもやの展開（講演）につながったのである。我々物書きにとって、単行本の出版を担当してくれる編集者は、本が書店に並ぶ前に最初に作品を読んでくれる〝一番目〟の読者である。この事実はずっと意識してきたことであり、いざ原稿を彼（もしくは彼女）に渡すときには、極度の緊張感と、やっと脱稿したというこの上ない開放感を、同時に味わうことになる。

これまで、編集者の次なる読者は、書店で拙著を手に取ってくださる一般読者とばかり思っていた。しかし、今回の件があって、拙著が一般読者の手に届く前に、もうひとつ厳しい関門を通っていることを知った。幸い拙著は担当の方々に好意的に見てもらっていたようで、私は深く安堵の溜め息をついたのである。編集者を一番目の読者とするなら、書店の売り場担当者は間違いなく二番目の読者ということになる。毎日、洪水のように発売になる新刊本を読み込み、しかるべき棚あるいは平台にそれらを振り分ける役を担っているのだから、本もしくはその筆者からすれば、ある意味、これほど怖い読者はいないのだ。

事前の打ち合わせで、売り場担当の方にお目にかかると、あろうことか、うら若き女性ではないか。私の本は本音百パーセントの文章と、下手ながら勢いで撮ったカラー写真満載という造りが特徴で、狩猟などをテーマにしたときは、獲物の解体写真や内臓のアップなどがこれでもか、これでもかと出てくる。まさに本書のような構成が、私の本の典型なのである。気の弱い読者なら、ページを開いた途端に卒倒しかねない、そんな類いの本なのだ。どうみても、若い女性たちが好んで読んでくれそうな内容にはなっていない。

しかし、打ち合わせの日、目の前には若くてステキな二番目の読者がいて、涼しい顔で「やっと飯田さんのトークイベントが実現しそうで、うれしいです」と、のたまう。私は「本当にボクでいいんですか?」と言いかけて、口をつぐんだ。彼女は本気だった。そこで、私は彼女に逆に提案した。

「どうせボクはロクな話ができないから、本の主人公（登場人物）に上京してもらい、現業者の肉声を当日のお客さんに聞いていただくという趣向は、いかがでしょう?」

この提案はスンナリ受け入れられ、当日は司会進行だけは不肖私が担当し、極力ゲストの現業者に生々しい現場の体験談を語ってもらおう、という設定で落着した。ゲストの人選は、別格の技能者で、かつ希代のエンタテイナーでもある片桐をおいて、ほかにいなかった。片桐もこの依頼を快く引き受けてくれ、イベントの開催日は十一月九日と決まった。すでに猟期（解禁は十一月一日）に入ってからの上京となるが、片桐は「十一月初旬はまだ、設置する罠の数も少ないですから、一日くらい見回りを飛ばしても、平気です」と、殊勝な返事でこたえてくれる。

イベント当日、会場となった書店併設の喫茶コーナーには、ほとんど集客期間がなかったにもかかわらず、三十名ほどの熱心な一般客が集まってくれた。だが、私はその聴衆を見回して、またもや腰を抜かしそうになった。八割方が女性、それも明らかに若い女性が多いのである。書店が集客用につくってくれたパンフレットには、「猟師一代〝いのち〟と向き合う――飯田辰彦の追う自然と人間とのあり方――」とタイトルされていて、どうみても女性の胸を打ちそうな文字は並んでいない。狩猟からジビエを連想し、食への興味から聞きにきてくれたのかもしれない……そうとでも考えないと、狩猟と目の前の若い女性たちが結び付かないのだ。

片桐には、一年の仕事（罠猟、カモ猟、養蜂、川漁など）のサイクルからはじめ、罠猟での生け捕りから解体・料理までの流れ、自然と野生動物の変化、さらには命との向き合い方などを、日々の実体験に則して熱く語ってもらった。自然の変化（崩壊が正しい）では、死の森と化した針葉樹の山のことや、農薬（ネオニコチノイド）の多投で野鳥・小動物・昆虫などがことごとく消えた里山の現状なども、詳しく解説してもらった。本書ではネオニコチノイドの恐怖（反社会性）については敢えてふれなかったが、興味のある方は前作『日本茶の「未来」』を参照されたい。驚愕の現状を明記しておいた。

トークイベントの最後に、私は自然と人間とが良好な関係を築くためにも、現場に出て〝問題意識〟をもつことが先決であることを、訴えた。そして、荒れ放題の山や里山にじっさいに身をおき、野生動物や植物の悲鳴をじかに聞いてほしい、と。片桐には迷惑千万な話だが、できれば一度、片桐の罠猟を実地体験し、自然の変貌を見届けると同時に、彼の命との向き合い方まで感じとってほしいのだと、訴えた。講演会でここまで言う必要があるのか迷ったが、事態が緊急を要することを思えば、黙ってはいられなかった。今は、ひとりでも多くの人にすさみ切った現状を見てもらい、問題意識をもってもらうしか、手はないのである。片桐の顔色をうかがうと、黙してうなずいている。私の提案に快くこたえてくれそうだ。

反応はまず、今回のトークイベントの主催者である書店サイドからあった。講演終了後、担当の若い女性が目を輝かせて切り出した。

「休みがいつとれるか分かりませんが、シーズン中にぜひ一度、片桐さんの罠猟に同行させて下さい。そして、できれば解体作業も拝見できると、うれしいのですが……。なるべく早く、天竜にうかがえる日をご連絡します」

私は心底、感動していた。今回の講演会を引き受けた甲斐があった、と内心小躍りしたい気分だった。百聞は一見に如かず、現場に足を運んでもらい、明確な問題意識をもってもらわない限り、人間の「不遜」を見破る〝目〟は育たない。年が明けて間もなく、件の彼女から「一月十九日に罠猟に同行させていただきたいのですが、片桐さんのご都合はいかがでしょうか?」との連絡が入った。むろん、片桐は喜んでスクールの開校に同意してくれた。

罠猟と里山の荒廃を実地体験

十九日の朝七時、いまだ明けやらぬ竹染の店先に、講演会で世話になった彼女をふくむ六人の若者（といえないオジサンもチラホラ）が、少し緊張した面持ちで立っている。寸分違わぬ時刻（約束は七時）に到着したところをみると、彼らの入れ込み様が容易にうかがい知れる。前夜は零時に東京を出発し、途中、高速のサービスエリアで仮眠をとったという。ハードな日常業務を調整し、何とかつくり出した貴重な休暇に違いない。彼女をふくむ三人は書店から、残りの三人は出版関係の仕事についている仲間であるらしい。

私はこの日の朝も、片桐には黙っていたが、獲物に恵まれる予感とともに目が覚めた。一方、スクール開校を引き受けて半月、その間、片桐は気が気ではなかったという。「せっかく東京からきてもらっても、当日、猟がなかったらどうしよう」というわけだ。猟の有無は神のみぞ知る、ということをもっともよく承知しているはずの片桐が、当日の結末が気になってならなかったらしい。それが猟師気質というものだが、東京からのお客さんの訪問が一月十九日と聞いたとき、片桐だけでなく私も同様に、その日は猟に恵まれないかもしれない、と一瞬思い巡らしたことは事実だった。

一シーズンに百頭を超えるシシやシカを捕獲する名人の片桐であっても、狩猟期間を通じて、平均して獲物を得ているわけではない。前にも書いたように、一日に四〜五頭もとれる日もあれば、逆にとれそうな予感がしていても、まったく音沙汰なく終わる日もある。片桐と私が十九日は空振りに終わるかもしれないと心配になったのには、それなりの理由がある。

「罠と鉄砲にかかわらず、年末までにかなりの頭数がその餌食になっていますから、年明けにはシシの実数そのものが減っている。そして何よりも、この時期になると彼らの学習効果が如実に表れてくる。罠を見切ってしまうんです。年が明けると途端に罠にかかる確率が下がり、おのずと獲物の捕獲数が鈍化するわけです」

だから、こうした傾向があることを熟知している片桐は、言葉には出さなかったが、「これは難しい仕事を引き受けてしまったな」と感じたはずである。しかし、狩猟の実際を何としても遠路は

るばるくる若者たちに見せたいと考えた片桐は、あたう限りの努力を払おうと決意する。ふだんよりもいっそう注意力を集中して、より確実に獲物がかかりそうな場所に、まず罠を優先的に移動させた。万が一、当日猟果がなくても、せめてお客さんに解体だけは見せようと、数日前にとれたカタのいいシシを檻に確保する。さらに、当日自分の罠はすべて空振りに終わりそうな場合、仲間の伊藤の罠にタイミングよくシシがかかったら、それを遠来の客に見てもらう算段までしたのである。

そんなこととは露知らず、六人のビジターは期待に胸をふくらませつつ、四駆のステーションワゴン（普通車）に全員が乗り移った。片桐は罠回りルートの八割方は普通車でも走行できると判断し、進入できないポイントにきたらその都度彼らに（ストップの）指示を出すことを、

一日体験の入学生の記念撮影。寝不足にもかかわらず、この笑顔

あらかじめ打ち合わせた。途中、片桐はポイント、ポイントで車をとめ、ウツやらウツリの実際について、また人間と野生動物の生活圏の重なり具合などを、具体的に説明する。文字どおり渋谷の講演の〝実技篇〟だった。まさしくこれが、私がひとりでも多くの人に経験してほしかった実地体験なのである。

罠を八カ所ほど見終わり、堀谷の集落へと下りる小さな峠に差しかかる。私はちょうど、朝の予感が心もとなく感じはじめた矢先だった。

峠の東側の窪地は、片桐の罠場の中でももっとも重要な場所のひとつで、私も同行中にすでに何十頭もの獲物をここで目撃している。しかし、期待の罠は空振りで、ジムニーは堀谷に一気に下るものと思っていた私は、次の片桐の行動に面食らった。林道に車をもどした片桐は、皆を制して、反対側の雑木混じりの植林の山にのぼ

1頭目の捕獲場所で、新たに罠を仕掛けなおす片桐と受講生たち

っていった。私が知る範囲では、罠場としてははじめての場所だった。この日のために、片桐が選びに選んで、罠を新たに設置したポイントに違いない。

ややあって、明らかに和んだ表情になった片桐が法面の上に現れた。彼がこうした面貌になるときは、決まって罠に獲物がかかったときだ。日ごろ、人一倍クールな猟師ではあっても、事うれしいことに対しては、じつに隠すのが下手な人間なのである。特にきょうは、ぜったいに獲物を確保

是が非でも捕らなければいけない1頭目を見事確保し、表情を緩める片桐

しなければいけない日でもあり、それが達成された瞬間であったから、なおのこと片桐の顔は緩んだのである。罠は林道から三十メートルばかり離れた場所に仕掛けられており、なるほどそれには二十キロばかり（あとで十五キロと判明）の仔ジシがかかっていた。これが私の朝の〝予感〟であったのだろう。しかし、私の体のどこかに、まだ行き場の定まらない魂のようなものが浮遊している。

六人のスクール生は、最初は遠巻きに様子をうかがっていたが、シシが子どもであることが分かると、罠のたもとまで近づいてきた。それでも、仔ジシは後ずさりしつつも、人間に襲いかかる姿勢だけは忘れない。

「メスの春仔です。痩せてますね。今シーズンは特にドングリの実りが悪かったので、食料確保が大変だったと思いますよ。台風の塩害に、〝裏年〟が重なっちゃって……。里山でほかに餌を探そうとしたら、人間の畑に出没するしか手はないんです」

と、解説を結ぶ間もなく、片桐は受講生の目の前で仕事（授業）にかかりはじめた。六人が唖然と見つめる中、先生はサッとシシに馬乗りになるや、ガムテープで一瞬にして目隠しをしてしまった。たぶん、生徒たちは拙著（『ラストハンター』）で予習をしてくれていたはずで、まずは鼻取りでもうひとつの支点をつくるものだと、思い込んでいたに違いない。ところが、目の前のターザン先生はそんな手順は無視して、いきなりシシの背中にとび乗ったではないか。

そうなのだ。片桐は獲物を見た瞬間にその体重を正確に見抜き、三十キロ以下くらいであれば鼻取りを使うことなく、素手で獲物を立ち所に押さえ込んでしまう。当然のことながら、こんな無謀（?）な挙に出れる人間は、人並み外れた腕力と野生動物の生態を知悉した片桐をおいて、ほかにいない。くれぐれも真似などされないように！　目隠しを終えたら即座にロープで四肢を結わえ、足にかかったワイヤーを外せば、捕獲作業は完了。この間四～五分、余りの早業に六人の生徒は目の前で起きたことが、頭の中でよく整理できていない様子だ。同時に、彼らの驚きと感動が、手にとるように伝わってくる。家畜化した〝野生〟とはいえ、眼前で、しかも生きたまま捕獲されるシーンは、滅多に見れるものではない。

プレッシャーから解放された片桐は急に雄弁になり、朝以来の硬い表情が、別人のように和んでいる。〝最低でも一頭〟の捕獲が、よほどの重荷になっていたのだろう。ジムニーは堀谷から都田川沿いの県道に出ると、都田川ダムの先でいつものように東久留女木への急登に入る。細い葛折の山道を登り切れば、接続する狭い土道の作業道が、等高線をたどるように奥にのびている。この先には、去年の十二月二十日の猟で大物（八十二キロ）がかかった罠場であり、片桐も私もしぜんに力が入ってしまう。あの滑車を使って獲物を運んだ、明るい尾根筋の罠場だ。

「きょうのために、ほかの場所からふたつ、前もって罠を移しておきました。林道を横切ったウツが法面から上にのびていて、それをたどっていったら、いいポイントがありました。最近になく足跡が濃く出ていたので、決断しました。林道からけっこう離れているので、電波発信機を据えてあります。鳴ってくれればいいんですが……」

だが、そんな期待もむなしく、その罠場の下を通過しても、ジムニーに積んだ受信機は何も反応

２頭目は50キロ超の雌ジシ。
その威圧感は仔ジシとはまったく別物

しない。先回とれた道下の罠にも、獲物はかかっていないようだ。百メートルほど行き過ぎた転回場所で車を反転させ、今きた作業道をもどりはじめる。入れ込んでいた分、片桐は少なからず落胆した様子。ふたたび罠下の場所に差しかかったとき、唐突に受信機が反応した。例の外人女性が英語で発信機のナンバーを叫びだしたのだ。しかし、どうしたことか、片桐は「キットの不具合かもしれない。よくあることなんです」と、天から受信機の作動を疑っている。たしかに、先ほど通過したときには何ら反応もしなかったのだから、片桐のリアクションも理解できないわけではないが……。

「いちおう罠をチェックしてきます」

鼻取りにてこずったものの、そのあとは華麗な流れ作業でアッという間に四肢を縛りあげた

と言い残して、先生は忍者のごとく、法面の上の斜面に消えた。事情が飲み込めない後ろの車では、生徒たちが何事がおきたのかと、目を白黒させている。そんなところに、余裕を見せつつ、先生がもどってきた。見え見え、なのだ。私は獲物がかかっていることを百パーセント確信した。「こんどは、ちょっとカタがいいですよ。注意してのぼってきて下さい」と、生徒たちを促す。案の定、シシがとれていたのである。それにしても、人騒がせな電波装置ではないか。

緩斜面を四十メートルばかりのぼると、紛うことない中ガタのシシが全身に憤怒をみなぎらせ、近づく我々を見据えている。〝六十キロのオス〟と、

獲物を引きずって緩斜面を下る。鉄人片桐をもってしても、距離の長い運搬は相当過酷

私は推量した（事実は五十三キロのメス）。このサイズだと、ロープを切る可能性も充分考えられる。生徒たちは前の罠場で一度予習を済ませたせいか、思いがけない二頭目の捕獲に驚きつつも、じつに冷静に片桐の一挙手一投足を見詰めている。

しかし、片桐も心の隅に〝万が一〟の文字をおいていたに違いない。いつもなら、鼻取りを差し出すが早いかシシの鼻をとらえるのに、このときはなかなか思うようにヒットしない。生徒の安全を考えて急ぐ気持が、微妙に手元を狂わせているのだ。

だが、四度目のコンタクトで見事鼻をとらえると、あとはいつもの流れ作業で、息つく暇もなく四肢を縛りあげてしまった。十五キロと五十三キロ（のシシ）では、存在感がまるで別ものだ。六人の生徒は改めて息が詰まるような野生の恐怖を感じとるとともに、肉に解体される前のシシが、紛れもなくひとつの〝生命〟であることを痛感したはずだ。片桐が獲物を罠場から林道へと引きずり下ろし、ジムニーのラックに固定するまでの逐一を、六人はまるで憑かれたように眺め続けた。この実感は、講演会の話だけではけして味わえない。私が渋谷で実地体験の重要性を説いたのも、まさにこうした命の鼓動を肌身で感じてほしかったからだ。

ジビエの真髄がわかる脂身

渋川の山の上でコンビニ弁当の昼食をとり、残りの罠をすべて見終わって、意気揚々と竹染にもどってきたのが夕方の四時半だった。はじめての猟体験であったにもかかわらず、六人の生徒はまるで疲れ知らずで、解体作業の開始を今か、今かと待っている。ジムニーのラックから下ろされた獲物が解体場に運ばれ、ふだんとまったく変わらぬ手順で、まずシシの胸に槍が通される。いつものこととはいえ、余りにも静かな〝瞬間〟であるため、神のもとへひとつの命が旅立ったことが、容易に理解できないのだ。生と死の境を槍のひと突きが分けていることに、素直に納得できないのである。

静かな瞬間のあとには、まさに生と死の境を象徴するような内臓の取り出し。胸腔を切り開いた瞬間、六人の目は立ちのぼる湯気を見逃さなかった。捕獲の場面も、それはそれで野生の命と向き合う厳粛な時間だが、〝命の構造〟を文字どおり生で提示する内臓の眺めには、何ものにも代えがたい圧倒的な迫力がある。それは生（せい）そのものであると同時に、人間の手により切り開かれた今は、死そのものと言っていい。六人の視線は片桐が握るナイフに集中し、刻々と明らかにされていく生命の細部を凝視している。ひと言も言葉を発しないことが、彼らの衝撃と肝銘の深さを物語っている。

六人がここまで、命の営みの一部始終を見届けてくれたことが、私にはとてもうれしかった。それは、片桐とて同じ思いを抱いたはずであり、神のもとへと送られた二頭のシシからして、これだけ見守られて彼岸へ旅立ったことは、本望であったかもしれない。だが、彼らが本懐をとげるためには、まだやり残していることがある。肉となった命を、人間がありがたく味わい尽くすことで、彼らの命はふたたび人間の体内に蘇るのだ。

すでに時刻は夜の八時を回っている。ふたりの息子が用意してくれた心尽くしのシシ料理が、座敷のテーブルに次々と運ばれてくる。解体を見た直後にもかかわらず、六人の中に誰ひとりとして気分を悪くしたやわな生徒はいない。意気軒昂そのもので、まずはたった今片桐が捌いたモツに食らいつく。何とも凄まじい食欲。前にも書いたが、新鮮なモツ（つまり腹掻き仕立て）なら、ヒレや背ロースに遜色ないくらい、本当に旨い。六人の生徒は今、それを実地に体験しているのである。血生臭さがまったく感じられないモツに、彼らは改めて驚き、感動を隠さない。

ところで、前にも書いたが、捕獲された獲物はその日のうちに腹掻きを済ませ、ひと晩冷暗所（解体場の中）で保管し、翌朝を待って皮剝きに入る。片桐は連日罠場を回る役目があるため、このやっかいな仕事は長男の尚矢（なおや）の受持ちとなる。もちろん、獲物が多くとれた翌日には、尚矢ひとりではとても捌き切れないので、片桐も罠場回りを終わらせたあと、息子に加勢する。その皮剝きを何度かのぞかせてもらったことがあるが、見ているだけでも肩が凝り、ドッと疲れを感じるほどハードで、忍耐のいる作業にみえた。

そのやり方は、小さなカミソリ様のナイフを使い、シシの表皮のすぐ下、脂肪との境目をひたすら根気よく切開していくのである。尚矢ひとりだと、一頭の皮剝きにじつに三時間近くを要してしまう。中腰の姿勢がいかにも辛そうだが、それに加え解体場の中はいっさい火の気（暖房）が使えないため、底冷えがする。まさに二重苦？　その点、九州の猟師たちは毛剃りナイフで毛を処理するだけ（拙著『罠猟師一代』参照）だから、この丁寧な片桐方式に比べたら、だんぜん楽チンだ。最近では、毛剃りをするのはまだマシなほうで、大方のハンターたちはガスバーナーでパーッと毛を焼いて、それで済ませて平気な顔をしている。大事な獲物（商品）に無用な熱を加えるなどということは、肉質を極限まで追求している片桐にしてみれば、とても許せる業ではないだろう。

根気のいる皮剝き作業。シシが複数頭とれた日には、猟からもどった片桐も加勢する

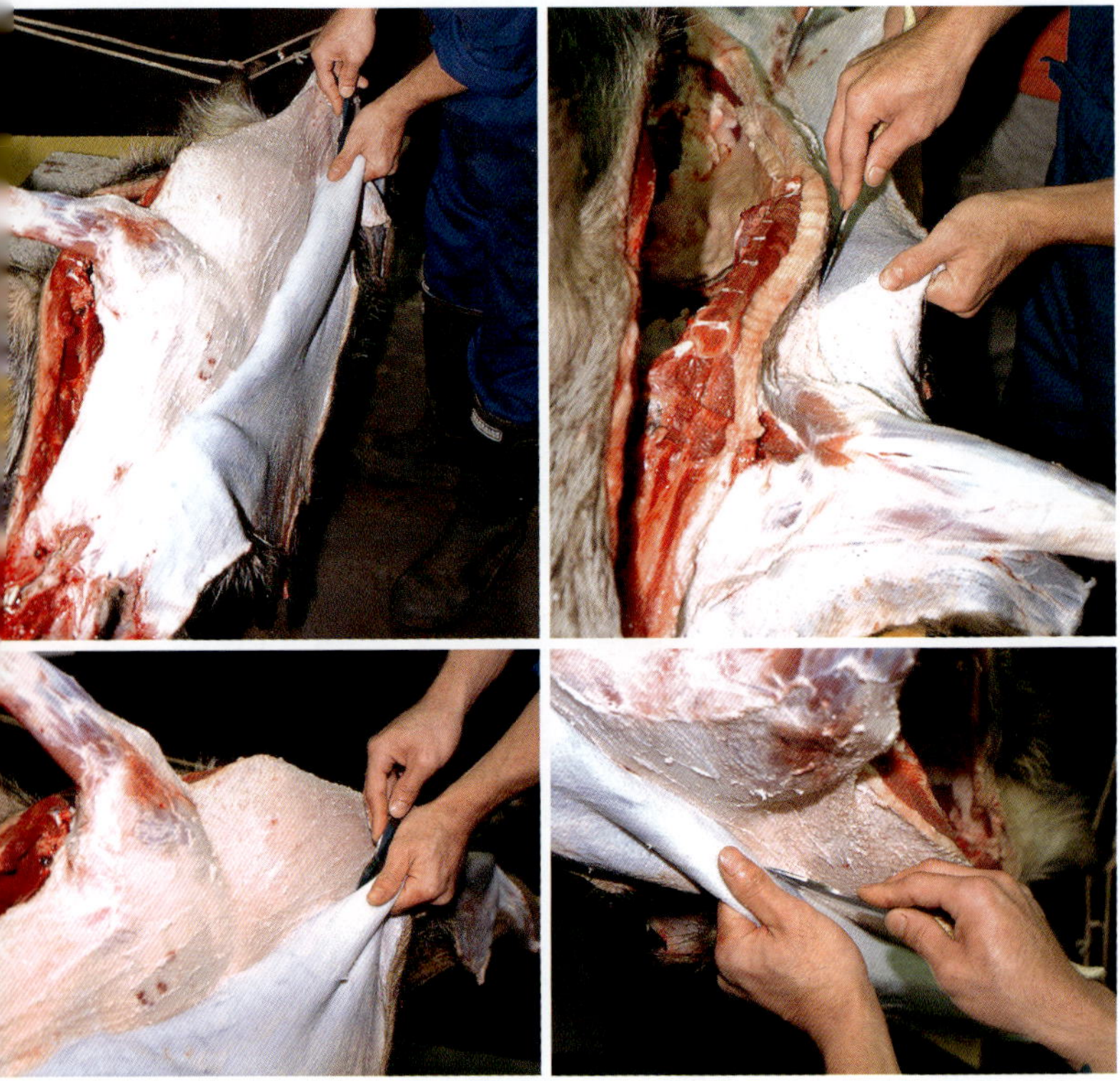

ひとりだと、１頭のシシの皮剥きに３時間近くを要する。根気と忍耐あるのみ

皮をきれいにはぎ取ると、白い脂肪に包まれた丸裸のシシが現れる。さらに頭部と四肢を切り離せば文字どおりの〝枝肉〟となり、あとは部位ごとに骨を外していけば、正味の肉をようやく手に入れることができる。

　肩から腰にかけてとれる背ロース、腰部や肋間からとれるヒレ（内ロース）、肋骨を包む三枚肉、そして四本の股肉（もも）。ズシリと重い正肉を手にしたときの片桐親子の表情は、まさにすべての苦労が報われたあとの、何とも晴れればれとした輝きにみちている。命懸けの生け捕りも、この瞬間のための序章に思えるのだ。

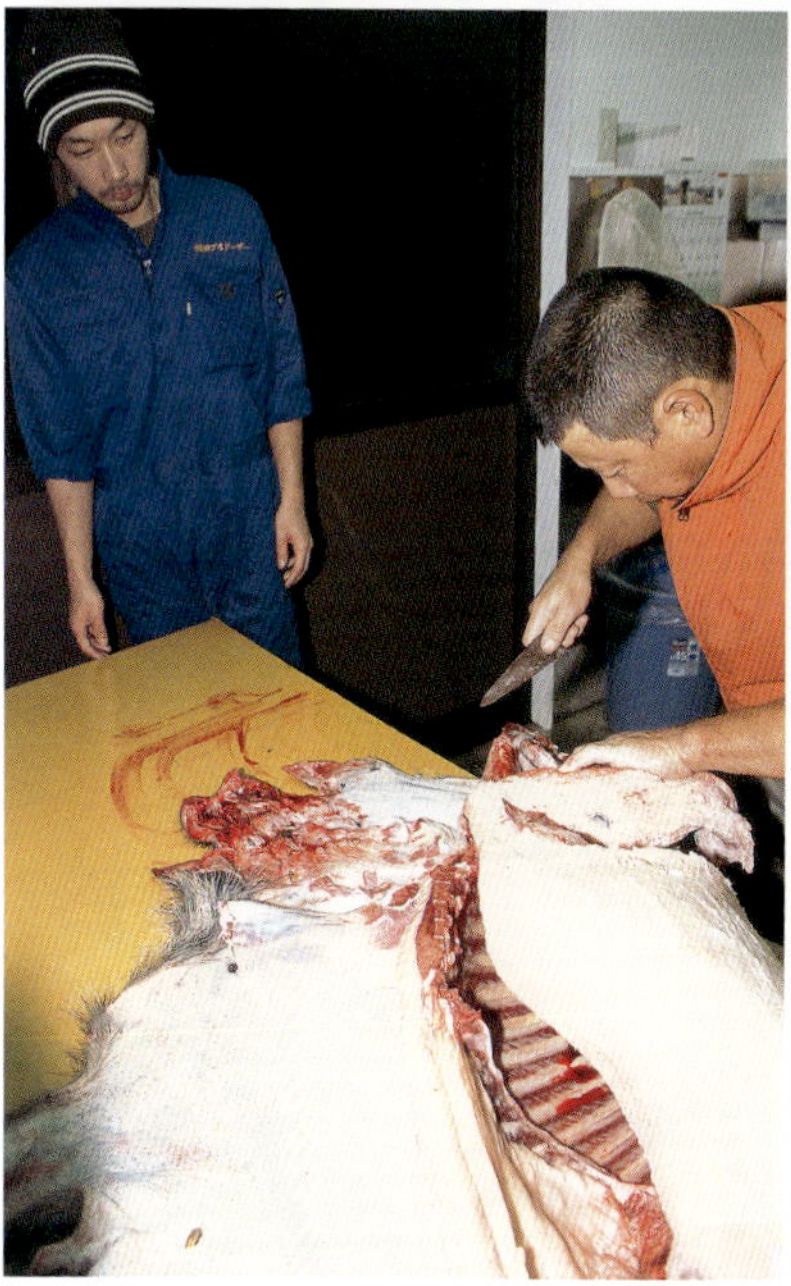

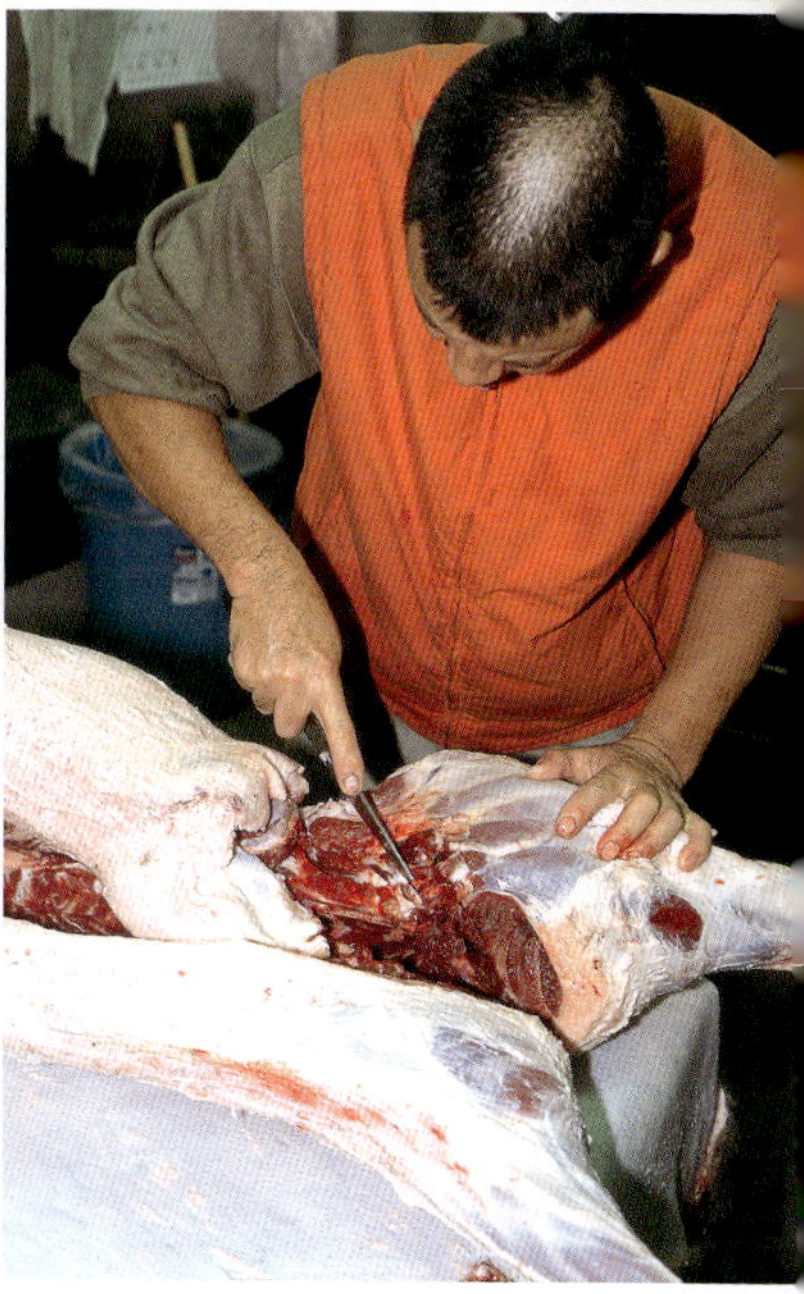

皮剝きが済んだら、頭部と四肢を切り離す。いわゆる枝肉の状態となる

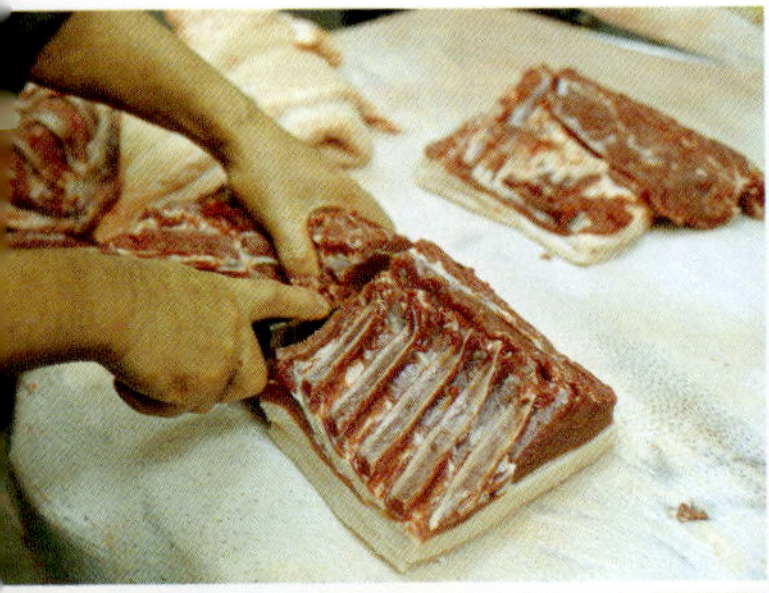
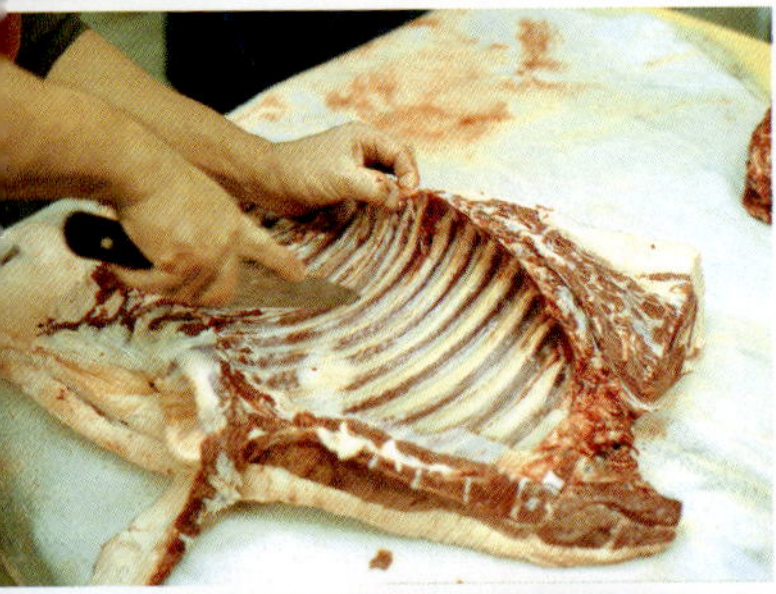
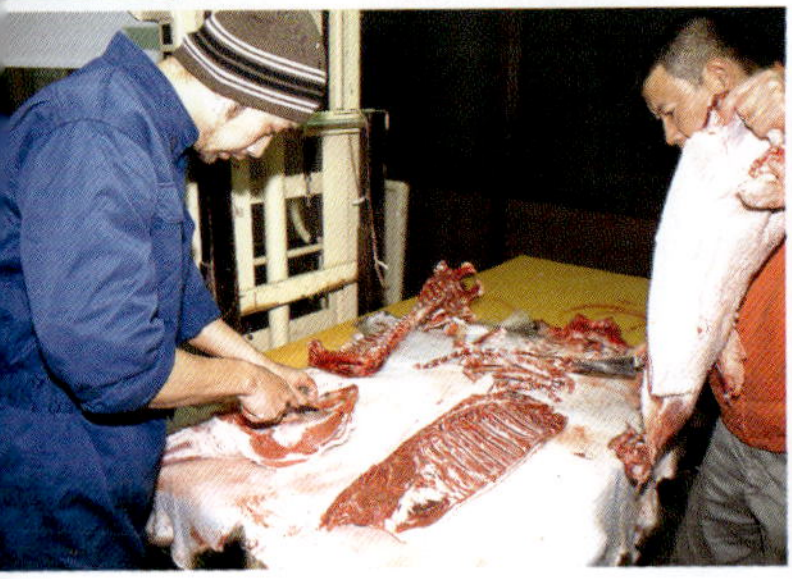

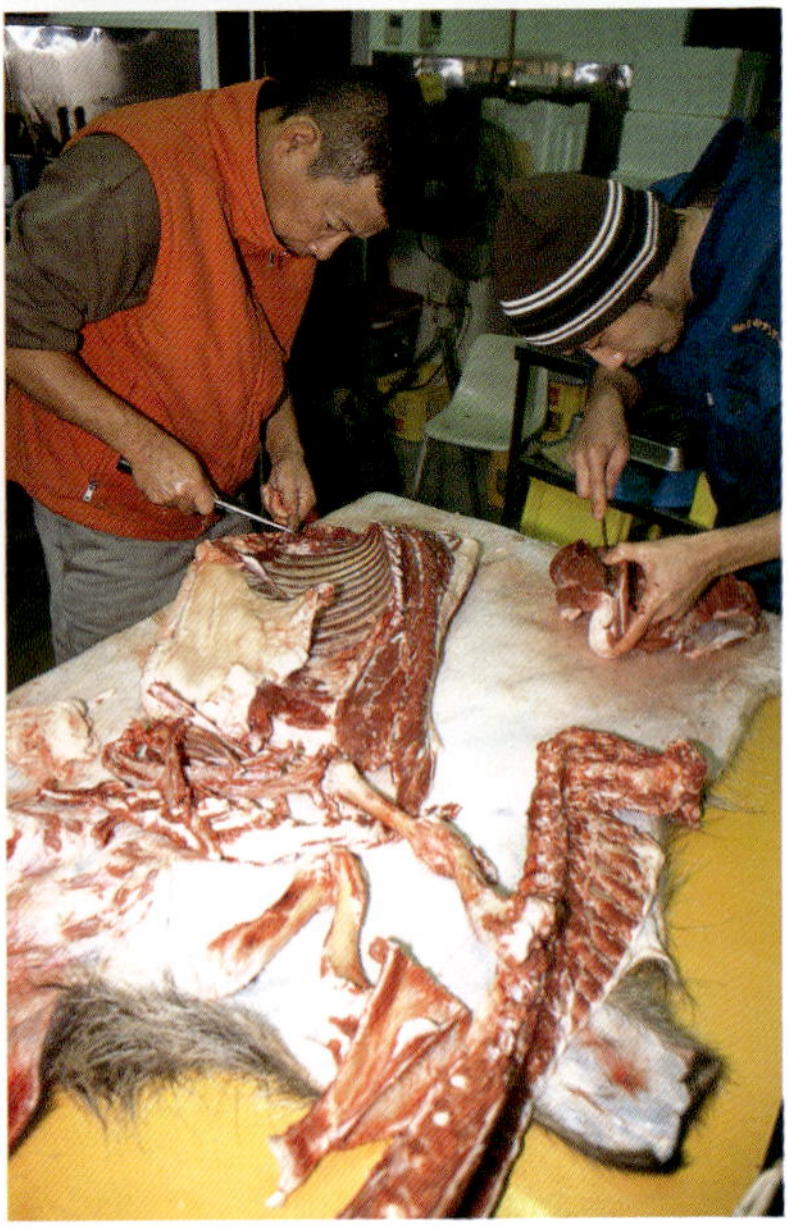

枝肉の部位ごとに骨を外していく。写真上は肋骨を包む三枚肉の部分

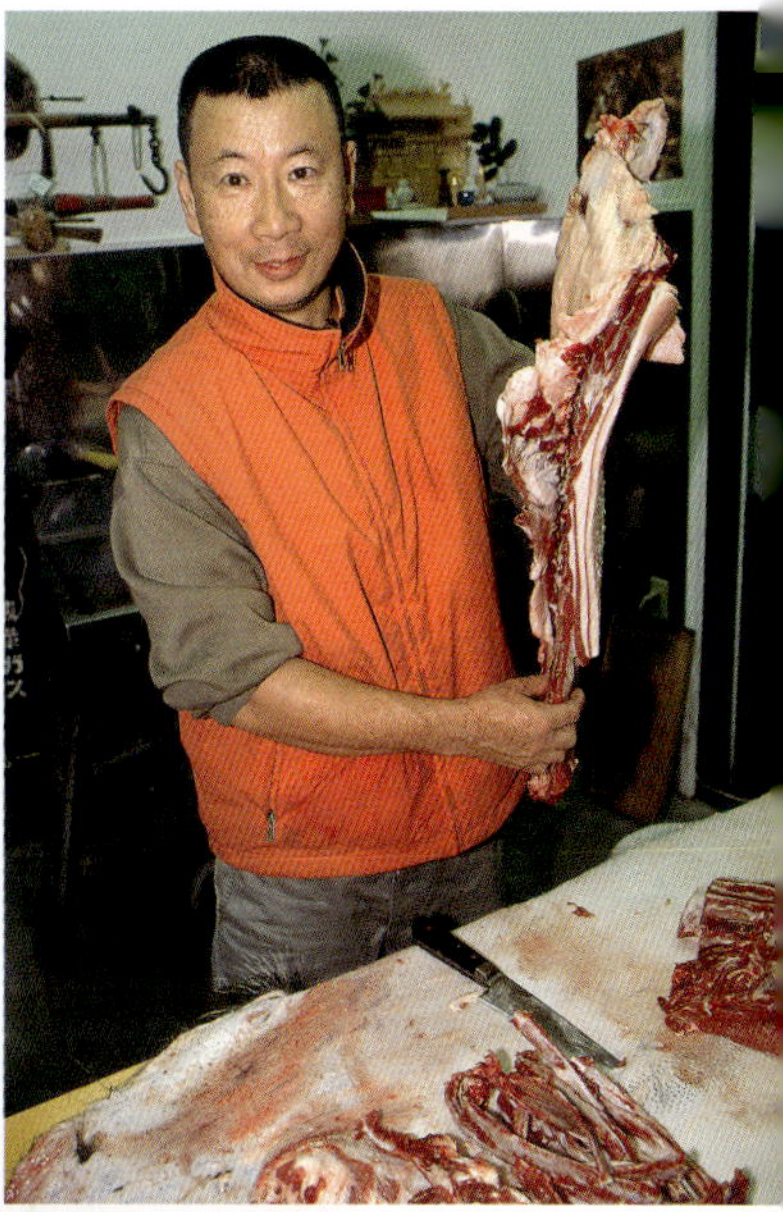

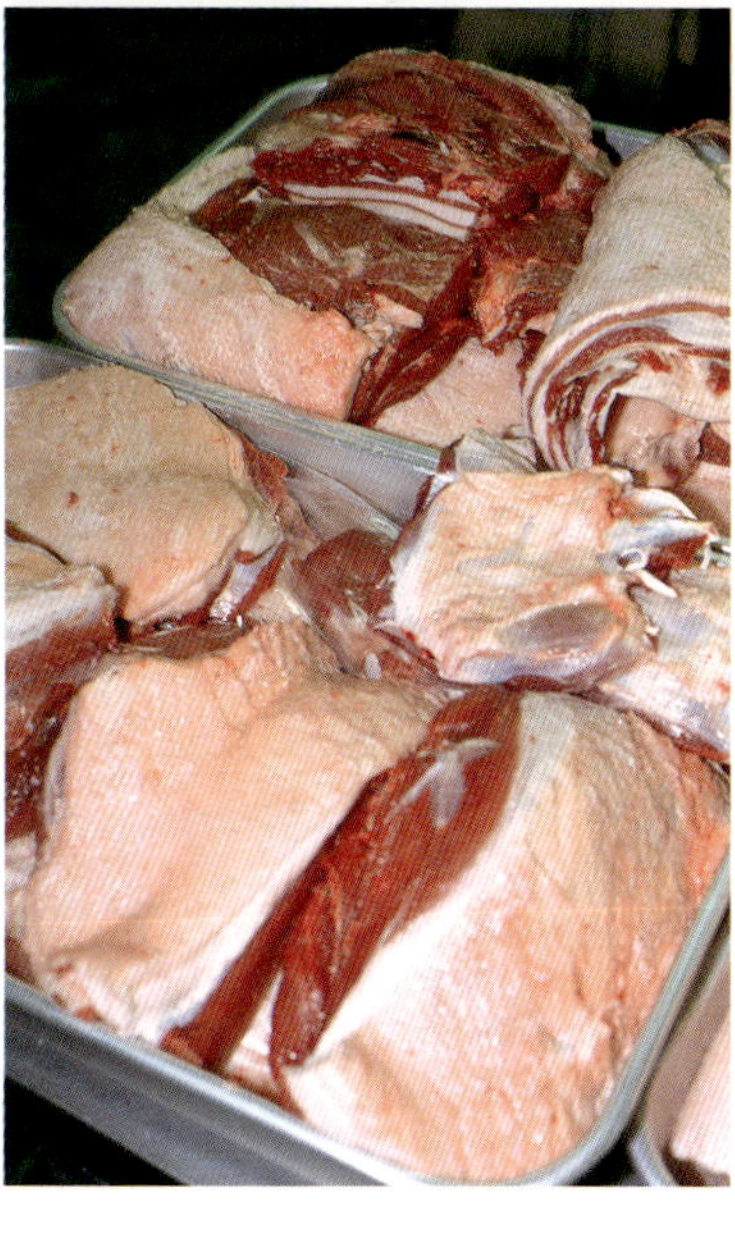

ズシリと重い正肉を手にしたとき、すべての労苦は報われる。器に並べられた圧巻の生肉

さて、モツのあとのメインは、もちろんシシ鍋である。しかし、竹染のシシ鍋はそんじょそこらのシシ鍋とは、まったく別もの。ふつう、シシ鍋の味付けといえば味噌ベースが基本だが、はじめて竹染のシシ鍋を味わったとき、まさに意表をつかれた気分だった。スープには塩と辣油(ラーユ)を組み合わせ、スライスニンニクを隠し味に使っていたからだ。ここまですっかり書き忘れていたが、片桐は希代のシシハンターであると同時に、割烹・竹染の名料理長なのである。その腕の遍歴は、拙著『ラストハンター』で確認してほしい。鍋に入れる具は、シシ肉のほかにダイコン、白菜、ネギ（最後に入れる）などの野菜に、豆腐とシラタキが加わる。ゴボウや春菊など、香りの強い野菜は間違っても使わない。獣臭のまったくしない竹染のシシ肉には、臭い消しの香味野菜は不要なのだ。

　またもや生徒の口から言葉が失せた。大皿に山盛りのシシ肉が瞬く間に消え、何度も、何度もお代わりが

大皿に美しく盛りつけられたロースのスライス。"牡丹"と呼ばれる理由に、合点！

シシ肉料理のいろいろ。右上から時計回りに、シシ鍋、冷シャブ、モツ鍋の雑炊、三枚肉のロースト、そしてヒレステーキ

運ばれてくる。野生獣の肉（ジビエ）の特徴は、いくら食べても胃にもたれず、けして胸焼けをおこさないことだ。特に、脂身には家畜のそれとは決定的な違いがあり、にわかには信じられないことだが、シシの脂身ならまったく胸焼けを覚えることなく、際限なく食べられる。餌の違い、運動量の差が、根本的に異なる脂質・肉質を生み出しているのだ。私は取材で竹染に滞在するとき、三食三度シシ肉で通すことがあるが（ちょっと贅沢すぎる？）、それでも食べ飽きたと感じることは、一度たりともない。

「若いころ、野生獣の肉をみずから食べて、はじめて分かりましたね。ナチュラルだからいくらでも、どんどん体に入ってしまう。体がまったく拒絶反応をおこさないから、いつまでも食べられる。きょうおいしく食べても、また明日おいしく食べられるんです。こうした食材こそ、本来、人間がいちばん摂らなくてはいけない食べ物だと思います」

食事に夢中の生徒たちは、本日最後の講義にフムフムと、上の空でうなずいている。先生は続ける。

「最高の素材だから、調理にはそれを越える〝腕〟で取り組む必要がある。常に素材に負けたらいけない、と自分に言い聞かせているんです。でも、いい素材であればあるほど、人間が手を加える必要がなくなってしまう。人間ができることは、素材のよさを生かすことだけですね」

ナチュラルなものを食べていた時代、人間には成人病など存在しなかった。知恵をつけ、やがて惑星の支配者となり、あまたの野生動物を家畜化することに成功すると、皮肉にも人間は病気の海に漂うことになった。同様に、ふえすぎた人間の糊口を補うために、大地に大量の肥料と農薬を投下し、そこからも生存の綻びをみずから生み出してしまった。今回の野外授業の趣旨は、まさにそうした綻びが修復不可能なほどに広がってしまった現状を実感、確認することにあった。

その綻びに、六人の生徒たちはどこまで気づいてくれただろうか。楽しいジビエの宴は夜中近くまで続き、ナチュラルなシシ肉を堪能しきった生徒たちは、身も心も満たされて東京にもどっていった。ここから何がおこるだろうか。また、何もおこらないのかもしれない。しかし、ひとつ明らかなことは、彼らは間違いなく丸一日機能不全に陥った里山に身をおき、野生の命の受け渡しを己が目で見、みずからの体内にシシの命を取り込みさえしたのである。何かがおこらなくても、彼らはきっと多くのものを感じとってくれたに違いないのだ。

「何かしらシシに報いることができないか」

今シーズン最後の罠回りの同行は、二月二十一日だった。この日も仔ジシ二頭の猟果があり、結局今シーズンは私が同行したすべての日で捕獲劇に立ち合うことができた。これはけして、シシの数がふえていることを意味しない。前にも書いたが、シシはすでに絶滅危惧種寸前の状態にあると見てよく、いみじくも片桐が看破しているように、シシは種としての生存のピークをすぎたことで、あらゆる面で機能低下を来している。つまり、野生本来の鋭い感覚を失いつつあるところに、片桐の神業が加わって、これだけの頭数（シシ八三頭、シカ二一頭＝2／21現在）を奇跡的に維持できているのである。

罠回りからもどったところで、片桐が大事なことを思い出したとばかり、一枚の色紙を見せてくれる。東京の六人組から贈られた、課外授業に対するお礼の印だった。そこにはこんな言葉が綴られていた。

いのちをいただくという事を、ほんとうにしみじみと深く感じました。

『ラストハンター』という一冊の本から、深い実感と広がりをいただいた事を、非常にうれしく思います。

この十年でいちばん印象深い一日でした。ぜひまたお邪魔したいです。

切り開いた猪の胸からわく湯気の熱さが、まだ掌に残っているような気がします。忘れられない大変な経験をさせていただき……

二頭の猟果、何という幸運！　その解体、じつに淡々として厳かな時間。全篇にわたる片桐さんの実力と野性の凄みに接することができた経験を、何度も思い返しております。少しでも、何かしらシシに報いることができないかと……

猟というものが、命のやりとりではなく、命の預け合いだということを教わりました。頂いた命を大切にします。

私は色紙を両手で抱えたまま、ひと月前の野外授業に思いを馳せていた。優秀な生徒たちは、しっかり片桐の実技指導から大事な教訓を学んでいてくれたのである。胸腔からわく湯気を見た生徒は、一生、命の意味を問い続けてくれるに違いない。「少しでも、何かしらシシに報いることができないか」と書いた生徒は、野生の凄みを通して、必ずやシシと人間が共生できる社会（自然）の可能性を追究してくれるはずだ。

また、猟が〝命の預け合い〟と看破した生徒は、今後、狩猟の真実をどう惑星の未来に重ね合わせていくのだろうか。なめとこ山の小十郎は、紛れもなく多くのクマの命を預かり、そして最後には逆にみずからの命をクマに預けたのではなかったか。これまで、充分すぎるほど他の生き物の命を預かった人類は、この先己が命を誰に、どのように預けようというのだろうか。確かなことは、人間がみずからの命を誰かに預けるタイミングとしては、もうとっくにその適期をすぎているということである。

獲物を処置したあと、弁当箱を
調整する片桐。淡々と、着実に
罠回りをこなしていく

終章

「記憶を失えば意味は永久に失われる」

猟期が終わってそろそろ二カ月がたとうという四月下旬、私は片桐の個人レッスンを受けるために、久しぶりに竹染に立ち寄った。ふだんの年ならミツバチ（ニホンミツバチ）の分蜂の真っただ中のはずなのに、「ことしはもう、ほとんど終わってしまいました。最近は特に、気候の変動が激しくて、何がどうおこるか予測がつきません」と、希代の自然観察者は首をひねる。自然が終焉を迎えた今、この惑星には何がおきても不思議はないのだが……。

今シーズンの罠猟を総括したのち、片桐が意を決したように語り出す。それは、六十年余りの長い時間を〝自然〟の中で生きてきた、類いまれな異能者の居たたまれない独白のニュアンスを帯びていた。同時に、自然観察の第一人者としての自負もうかがえる。

「自然界とはじつに理にかなっているシステムなんです。理論的に間違っているものは受け付けない。ウソで成り立っていないということです。これを崩すのは、いつも決まって人間だった」

「自然はウソをつかない。すべての生き物に対して平等を貫いている。だから、〝法則〟を守らない相手に対しては、痛い仕打ちでもって報いる。自然は元来懐が深いということを、人間はどこまで理解しているのか……」

ここまでしゃべって、片桐は言葉を切った。片桐の生き方の根本に性善説的な信念があるとみるのは、あながち間違っていないかもしれない。彼は人がもって生まれた性質は基本的に善と信じ、

無造作に仔ジシを片手で運ぶ片桐。そのしぜんな振舞いが、つい生け捕りであることを忘れさせる

あとは文字どおり自然体で六十有余年の時間の流れの中に身を任せてきた。片桐は人と対すると同様に、自然の性善であることを信じようとした。たしかに、片桐の少年時代には自然はけしてウソをつかず、法則を破る相手に対して非情な仕打ちを加えるのを、片桐自身が目の当たりにしてきた。

だが、自然に代わって人間が惑星の支配者の地位につくと、あっさりとその精妙かつ掛けがえのないシステムをぶち壊してしまった。自然にはすでに、法則を守らない相手（つまり人間）に対して、痛い仕打ちでもってこたえる力はなかった。しかし、自然の申し子としてこの楽土（そんな時代もあった）に生を受けた片桐は、この期に及んでも自然の懐の深さを信じて、疑わない。その思いは、「今ならギリギリ間に合うかもしれない」という心の叫びに凝縮されている。

片や、ビル・マッキベンは法則を守らなかった人間を冷徹に断罪し、自然の懐がすでに四半世紀も前に取り返しのつかないレベルにまで病んでしまったことを、白日のもとにさらして見せた。私は、片桐の最後まで自然の復元力を信じる態度にも素直に打たれるが、ビルの全存在をかけた訴えも、同様に無視できないのである。ビルは『自然の終焉』のエピローグに、こう記す。

われわれが自然の終焉を間近にしていたころ、ソローの文章はますます価値と重要性を増していったが、彼の言葉がわからなくなり、洞窟に描かれた絵の意味がわれわれにわからないのと同じように、彼の考えが未来人にとって意味不明となる日が足早に近づいている。カターディン山に登ったソローはこう書いている。この山は「タイタンのように巨大で、人跡未踏であった。これを眺める者は自分の何かが、それも生命にかかわる部分が肋骨と肋骨の隙間からするりと抜けでていくような気がしてくる……自然が、不利な立場にいる彼を、たった一人でいる彼をすかさずとらえ、彼の聖なる能力の一部をこっそり盗みだす。自然は厳しく問いかけているようだ。なぜお前は呼ばれもしないのにここへ来たのか、と。この地はお前のためにつくられてはいないのだ、と」。こうした感慨は、自然にたいする人間のかかわり方の最後の段階を如実にあらわしている——低地では自然を制圧したけれど、峰々や極地方やジャングルはいぜんとしてまじりけのない自然のメッセージが高らかに響いている段階である。しかし、この先何年かたって、「雲の工場」たるカターディン山にたなびく雲が人間のつくったものになるとき、この文章にどんな意味があるだろう？　山のふもとにうっそうと茂った松が、幹がまっすぐで「適正な枝ぶり」になるよう遺伝子改良されていたり、もっとありそうなことを言えば、二、三マイル離れたどこかの植林場で二、三代前に遺伝子改良された松の球果から芽吹いたものであったりしたらどうだろう？　ゆっくり歩いていくオオシカが、「保護と利益は両立する」というガイア派の啓蒙思想に共鳴した牧場主の所有する群れに属しているとしたらどうだろう？

ここに出てきたソローは、もちろん十九世紀を生きたアメリカを代表する随筆家で、エマーソンの感化を受け、その哲学を実践するために故郷コンコードのウォールデン池畔に簡易生活を送った、あのヘンリー・ソロー（一八一七〜六二）のことだ。著作『森の生活』はあまりにも有名。ちなみに、二十五年前、ビルが危惧したことはすべて現実のものとなっている。大陸から押し寄せるPM25をたっぷりふくんだ雲、遺伝子組み換えされた無数の作物や動物……。むろんビルは、こうした〝法則破り〟が安易に行われないことを期待しつつ『自然の終焉』を著したのだが、そんな願いは一顧だにされず、消しとんでしまったのである。それも、何の痛い仕打ちも受けずに……。だが、本当にそうだろうか？

ビルは続ける。執拗に、続ける。

ソローは、カターディンの峰から一二マイルほど離れたマーチ川の河口で釣りをした午後のことを書いている。カワマスは「われわれが餌を入れるが早いか喰いついてきた。私がこれまでに見たうちで……最もみごとなカワマスが次々と釣り上げられ、最大のものは重さが三ポンドもあった」。彼はそこに立ち、「シャワーのように降ってくる」カワマスを捕らえた。「まだ息があって体色が褪せる前のカワマスは、このうえなく美しい花のように、太古の川の産物のように輝いていた。カワマスたちを見下ろしながら、私はほとんど信じられない思いでいた。これらの宝石がかくも長いあいだ、多くの闇の時代を越えて、このアボルジャクナジェシック川を泳ぎつづけているとは――川に咲く輝く花たち、インディアンの目にしか触れたことのない、その美しさのわけはただ主のみが知る、この生きものたちがここを泳いでいるとは！」しかし、バイオテクノロジーにより、われわれはすでにマスの成長ホルモンを合成している。やがて、マスを川から引き上げることは、生産ラインから車を取り出す以上のことではなくなるだろう。これからはなぜ、主がマスを美しくおつくりになり、そこにお置きになったのかを不思議に思う必要はなくなる。われわれ自身が、タンパク質の供給を増やしたり養殖場の利益を増大したりするためにマスをつくるようになるからである。きれいなほうがいいと思えばきれいにすることもできる。やがて、ソローは何の意味ももたなくなるだろう。そうなったとき、自然の終焉は――われわれが大気を変えたときから始まり、「地球の管理者」、「遺伝子工学者」というわれわれの不安定な状況に呼応して進んできた自然の終焉は――決定的なものとなろう。記憶を失えば、意味は永久に失われるだろう。

（傍点筆者）

猟場に咲いていた清楚な野ギク。こうした花さえも、我々は人工的に生み出す技術をすでに手にしている

四半世紀前、いみじくもビルは遺伝子工学の無秩序な発展に対して、深い危惧を抱いていた。それぞれ自分の胸に手を当てて、二十五年前の己が姿を思い浮かべてほしい。誰もがみんなビルのように遺伝子工学の、そして遺伝子産業の先行きに不安をもち、時間をかけてその研究・利用について検証、議論すべきと考えていたはずだ。それがどうだ、競争原理・商業主義の論理の前にそんな控え目な正論はひとたまりもなく、なし崩し的に禁断の遺伝子組み換えは市場原理の中に飲み込まれてしまった。今やその実態はつかみ切れないほどに日常生活の奥深くまで浸透し、巨大なブラックボックスと化している。

ビルの危惧はまさしく現実のものとなり、彼の予言どおり、自然の終焉はここに定まったのである。我々はなるほど記憶を失ったのであり、同時に意味も永久に失ったわけだ。もう、我々は遺伝子組み換えの危うさなど考える必要もなく、遺伝子組み換えがもたらす意味に二度と悩まされることもないだろう。もちろん、ソローの作品も、今やまったく無価値なものとなったのである。ここまで書いておきながら、それでもなお、ビルは一縷の望みを捨てなかった。

つまるところ、不遜な道が繁栄とある種の保障をもたらしうることは、私も充分に承知している——ダムの数が増えれば、フェニックスの住民に役立つし、遺伝子工学は病人に役立つし、人間の不幸をなくすことに役立つような数かずの進歩もみられる。それに、私はことさら自分の生活様式をつつましくしたいと思っているわけではない。決定を先送りにし、孫たちにそれを肩代わりさせることができると思えば、喜んでそうする。そして、いまのところは洞窟に住む計画もたてていないし、暖房設備のない小屋に住む計画さえもっていない。われわれがここまでくるのに一万年かかったとして、元の場所までおりるには二、三世代かかるだろう。しかし、現代は、われわれがいままでたどってきた道を少なくともこれ以上先へは進まないと決心する歴史の転換点ともなりうる——世界を過熱から守るために必要な科学技術上の調整を行なうだけでなく、二度とわれわれ人間の利益を他のすべての利益に優先させることのないように、心の必要な調整を行ない、新時代の幕開けとすることもできる。これが私の選ぶ道である。少なくともこの道は、生きた、永遠の、意味ある世界にたいする一縷の望みを与えてくれるからだ。

ここではビルは、子どものように素直に「私の選ぶ道」を表明している。一方で、〝ダムの数が増えれば〟の例などは、余りにも短絡すぎて、不安を覚えるほどだ。同様に、〝われわれがここまでくるのに一万年——〟のあたりも、もう少し熟考してほしい気がしてならない。それはさておき、このあとビルはじつに巧みに引用をもち出しつつ、自論の正当性を訴える。私がもっとも好きなパラグラフのひとつだ。

私がこの選択をする理由は、窓の外に見える山の木の数ほどたくさんあるが、それらが私の心の中で具体的なものとなったのは、管理された未来を支持する勇敢な楽観論者の一人が書いた文を読んだときだった。その楽観論者ウォルター・トルエット・アンダーソンはこう書いている。「実存主義の哲学者たち――とくにサルトル――は、人間には本質的な目的が欠けていると嘆いたものだ。われわれはいま、人間というものは結局、固有の目的がまったく欠けているわけではないとわかった。一つの惑星の管理人となり、そこに生きるすべての生物の保管者となり、その（そして、われわれの）未来をかたちづくる者となることは、間違いなく目的たるにふさわしい」。人を鼓舞することを意図したこのかけ声は、言葉であらわせないくらい深く私を滅入らせる。それがわれわれの運命だって？　管理された世界の「管理人」となり、すべての生命の「保管者」となることが？　われわれは自然界の神秘を、われわれ自身の生命の神秘や生命力のみなぎる被造物であふれた世界の神秘を、そのような仕事の保障とひきかえにするのか？　サルトルの言う中立的な無目的性のほうがよほどましだ。しかし、それよりもっといいのは、もう一つの未来図、人間が実際に自分のもてる潜在能力にふさわしい生き方をすることだ。

ここに登場する楽観論者（ウォルター・アンダーソン）、ビルでなくても呆れ果てて、モノも言えない。こんな人間の存在を知ったら、片桐だって深く落ち込んで、立ち上がれなくなるに違いない。それどころか、憤怒余って、びんたを食わすかもしれない？　徐々にボルテージを上げてきたビルは、続けて人間の潜在能力を具体的に解説する。

鳥に空を飛ぶ力があるように、われわれに特別に与えられた力は理性だ。その理性の一部は、われわれがたとえばＤＮＡを解明して制御したり、大きな発電所を建設したりすることを可能にする知能を司っている。しかし、理性は、われわれが生物的本能に盲目的にしたがって果てしない人口増加と領土拡大に向かうことをやめさせることもできるのだ。人類を一つの種としてとらえ、われわれの増大が種としての人類におよぼす危険を認識し、われわれが脅かしている他の種にたいして思いをいたすこともできるのも、理性の力だ。そうしようと思えば、われわれは理性を働かせて、他のどんな動物にもできないこともやってのけられる。自らの意見で自らに制限を課し、自分たちを神々とするかわり、神の被造物にとどまることを選ぶことができるのだ。それは何という偉業だろう。最大級のダム（ダムをつくるのはビーバーにもできる）などよりずっと難しいだけに、はるかに感銘の深い

今では滅多に見かけなくなった
野イチゴ。杉の植林の前では、
単なる雑草でしかない

仕事だ。こうした抑制――遺伝子工学や惑星管理ではなく――こそ、本当の挑戦であり、困難な課題なのだ。もちろん、われわれは遺伝子を切断することができる。だが、遺伝子を切断しないでいることがわれわれにできるだろうか？

（傍点筆者）

ビルが言う人間の潜在能力が、ここではっきりする。それは〝理性〟であった。人間は理性を働かせて、神の被造物の地位にとどまるよう訴える。こうした抑制こそが本当の挑戦であり、しかもとても難しいテーマだと語りかける。遺伝子組み換えをしないという決断もそうした挑戦のひとつであり、それができるか否か、ビルは読者のひとりひとりに問うている。結果は前に書いたように、遺伝子の切断を抑制するどころか、人類は勝手気ままにそれをもてあそび、今や歯止めがまったく利かない状況を現出させている。

二十五年前のビルはいよいよ結論部分に入っていく。『自然の終焉』最高の聞かせどころだ。

自然を抑制しようとするわれわれの衝動の背後にある推進力は、大きすぎて止められないかもしれない。しかし、失敗するだろうという予測は、努力をしない言い訳にはならない。ある意味で、われわれが直面している選択は、ソローの選択によく似た審美的選択である。ただし、俎上にあるのは、われわれ自身の生き方の問題というよりは、われわれ以外のすべての種の生命とそれらの種全体からなる生物界というきわめて現実的問題である。しかし、それはもちろん、われわれわれの利益でもある。ジェファーズは書いている。「完全無欠とは全一性を言い、最高の美とは／生命とものの有機的全一性、宇宙の神聖な美しさを言う。それを愛するのだ、人間ではなく／そこを離れては、ただ憐れむべき混乱におちいるか、さもなければ生命の日のかげるとき、絶望にのまれることになろう」。人間を一部とする全一性と、全一性を離れた人間のどちらかを、かつての明澄さと新しい闇のどちらかを選ぶ日が来たのだ。（傍点筆者）

お分かりだろうか。「失敗するだろうという予測は、努力をしない言い訳にはならない」という言葉は、じつはビルがビル自身に向けて発しているエールでもあるのだ。〝審美的選択〟と〝現実的問題〟の対比の鮮やかさ、そして「生物界の利益はわれわれの利益でもある」と結ぶ巧みさ。最後の〝かつての明澄さ〟と〝新しい闇〟の対比も、何とも大胆。ビルのライターとしての、また科学者としての真面目（しんめんぼく）がうかがえる。

そして、ビルは最後に断末魔の叫びにも似た言葉を発する。その言葉は、見事片桐の信念に重なっている。

全一性を離れた人間のほうを選ぶ最大の根拠は、すでに言ったように、自然は終わりをつげたという考えである。たしかに、自然は終わりをつげたと思う。しかし、私はその言葉のもつ決定的な響きに耐えられない。人びとが、自らの死という言葉のもつ決定的な響きに耐えられなかっ

> たように。だから、私は万一に望みをかける。われわれの時代にはだめかもしれない。子どもたちの時代には、その子どもたちの時代にもだめかもしれないが、われわれがいま、今日、人口や欲望や野心を制御したなら、あるいはいつの日にか、自然が再び独立した働きを始める日が来るかもしれない。いつの日にか、気温が自らの働きで自らを調節し、雨が自らの意思で降りだす日が来るかもしれない。
>
> （傍点筆者）

私はこのパートを何十回となく読んだが、そのたびに涙がにじむのを抑えられなかった。ビルも間違いなく片桐と同じように、性善を信じるごくふつうの市井の人なのである。でなければ、「私は万一に望みをかける」などと、悲しいまでに素直に己が思いを吐露できるだろうか。「私はその言葉のもつ決定的な響きに耐えられない」と打ち明けられるのも、市民（庶民といったほうが適切？）の感覚をもったジャーナリストだからこそ、言えることなのである。「われわれがいま、今日——」のあたりの表現は、そのまま片桐の「今ならギリギリ間に合うかもしれない」という魂の言葉に通じる。

ビルは最後の最後に、未来の地球に思いを馳せて、次のような一節を添えている。

> 私が恐れていることが実際に起こるとしたらどうだろう？　今後二〇年間、われわれがますます大量のガスを大気中に排出し、遺伝子操作された未来への後戻りできない第一歩を踏みだすと

したら、そのときどんな慰めがあるだろうか？　慰めを必要とする唯一の人びとは、すばらしき新時代の精神に完全に適応するには早すぎる過渡期に生まれたわれわれの中にいるだろう。

ビルが恐れていたことは、二十五年後の今、そのまま現実になってしまった。大気汚染は易々と国境をまたぎ、遺伝子操作は第一歩どころか、二歩も三歩も禁制の園深く、足を踏み入れてしまった。そして気がつけば、慰めがあろうはずもなかった。

それよりも、慰めを必要としない素晴らしい新時代は、本当に、本当にやってくるのだろうか？

（文中敬称略）

最後の罠回りの日、呼び寄せられるように目にとまった野アザミ。何を語ろうとしていたのか？

兎荷（とっか）集落の西側の尾根にわずかに残る雑木林。こうした景観が国土全体に広くもどらない限り、野生動物はもとより、ひいては人間の生存も覚つかない

あとがき

読者の期待する名匠・片桐邦雄の全貌にどこまで迫れたか、心もとない限りだ。ただ、読者の声に推されてシシ猟だけで一冊まとめる決意をしたとき、大げさでなく、〝空前絶後〟の狩猟本にしたいという思いは強かった。心底、究極の狩猟本を書きたいと思った。

私にそういう気をおこさせたのは、まさに片桐さんとの出遭いがあったからである。前作（『ラストハンター』）のあとがきでもふれたように、私の長い取材経験の中でも、片桐さんは前代未聞の存在、文字どおり希代の猟師であったから、これはとんでもない作品が書ける、と私は早合点してしまったのである。読者の期待したレベルに達していないとすれば、すべては力不足の私の責任である。

猟の真実はともかく、それ以外の文章の分量が多すぎる、という批判があるかもしれない。自然や惑星の未来についての記述はたしかに多いが、これに関しては筆者の言い分も聞いてほしい。今、地球が直面している広い意味での環境問題は、狩猟から独立してあるものではなく、それ（狩猟）も問題のひとつとして環境の括りの中に内包される、という関係にある。けして狩猟が環境問題を内包しているのではないのである。

わざわざ、こんな言い訳をする必要はないのかもしれない。本作の主人公の片桐さん自身が、惑星の先行きを私以上に憂慮しており、今回のような作品構成を彼が根本から批判するとは思えないからだ。この問題は今後も、我々ふたりの共通の重いテーマであり、こうした構成はある部分、片桐さんの意に沿ったものと思ってもらって、間違いはない。勝手な言い分かもしれないが……。

とまれ、日ごろ無償の協力を惜しまない片桐さんには、どう謝意を伝えていいか分からないほど、ありがたいと思っている。片桐スクールでの時間は、どんな教科書にもまして刺激的で、問題の在処をストレートに照射してくれる。まさにそれは、東京からのお客さんが感じてくれたことでもある。猟の現場体験は、私の思い付きを片桐さんに受け入れてもらったものだが、片桐さんが懲りていなければ、今後も続けてほしいと願っている。小さな試みにすぎないかもしれないが、それが惑星の未来にどこかでつながっている、と私は信じて疑わないからだ。

さあ、これでよし、とペンをおこうとした矢先、新聞の朝刊が偶然目にとまった。一面のトップに、「動物体内でヒト臓器、容認」の文字が踊っている。ブタなどの体内で人間の膵臓や肝臓をつくる研究・実験がはじまるのだという。iPS細胞などの技術を活用したものだそうで、人間と動物の両方の細胞をもった新たな動物を生み出す可能性もあるらしい。筆者も十年ぐらい前までなら、「ちょっと待ってよ！」と喰ってかかる元気があったかもしれない。でも、遺伝子操作の歯止めがまったく利かなくなり、生命倫理もへったくれもなくなった今、私はキッパリと〝慰め〟を必要とする側で暮らしている。

この際、ビルに会って聞いてみたい気がする。「あなたはこれでもなお、〝性善〟の味方についているつもりですか?」と。しかし、彼はすでに『自然の終焉』の中に、ひそやかに書いていた。「われわれに必要なのは、人間とはかかわりのないものによる慰めなのである」――彼はとうに、人間の限界を見抜いていたのかもしれない。

本作も鉱脈社の川口敦己社長の理解と、制作担当者の献身で、無事日の目をみることができた。記念すべき一冊になることを願っている。できることなら、命を預け合うシシにも読んでもらいたいものである。

合掌

平成二十五年六月

著者略歴

飯田　辰彦（いいだ　たつひこ）

1950（昭和25）年静岡県生まれ。慶応大学文学部卒。ノンフィクション作家。国内・外の風土に根ざしたテーマで、数々の作品を世に送り出している。

著書に『美しき村へ』『あっぱれ！日本のスローフード』（淡交社）、『相撲島』（ハーベスト出版）、『生きている日本のスローフード　宮崎県椎葉村、究極の郷土食』『罠猟師一代　九州日向の森に息づく伝統芸』『輝けるミクロの「野生」日向のニホンミツバチ養蜂録』『メキシコ風来　コロニWアル・シティの光と陰』『ラスト・ハンター　片桐邦雄の狩猟人生とその「時代」』『口蹄疫を語り継ぐ　29万頭殺処分の「十字架」』『日本茶の「勘所」　あの“香気”はどこへいった？』『日本茶の「源郷」　すべては“宇治”からはじまった』『日本茶の「未来」　“旨み”の煎茶から“香り”の発酵茶へ』（以上、鉱脈社）などがある。

みやざき文庫 99

罠師 片桐邦雄

狩猟の極意と自然の終焉

2013年10月19日 初版発行
2020年10月 8日 6刷発行

著 者 飯田辰彦

発行者 川口 敦己

発行所 鉱脈社
宮崎市田代町263番地 郵便番号880-8551
電話0985-25-1758

印 刷
製 本 有限会社 鉱脈社
